全国技工院校制冷设备运用与维修专业教材（中/高级技能层级）

制冷技术基础

（第三版）

人力资源社会保障部教材办公室组织编写

U0343917

中国劳动社会保障出版社

简介

本书主要内容包括：制冷技术基础知识，制冷概述，制冷剂、载冷剂与冷冻机油，单级蒸气压缩式制冷循环，多级蒸气压缩式制冷、复叠式制冷、混合工质制冷循环、吸收式制冷循环。

本书由朱芬担任主编。

图书在版编目（CIP）数据

制冷技术基础/人力资源社会保障部教材办公室组织编写. −− 3 版. −−北京：中国劳动社会保障出版社，2019

全国技工院校制冷设备运用与维修专业教材. 中/高级技能层级

ISBN 978 − 7 − 5167 − 3871 − 9

Ⅰ. ①制… Ⅱ. ①人… Ⅲ. ①制冷技术-中等专业学校-教材 Ⅳ. ①TB66

中国版本图书馆 CIP 数据核字（2019）第 104856 号

中国劳动社会保障出版社出版发行

（北京市惠新东街 1 号 邮政编码：100029）

*

三河市潮河印业有限公司印刷装订 新华书店经销

787 毫米×1092 毫米 16 开本 8.25 印张 190 千字

2019 年 9 月第 3 版 2022 年 12 月第 4 次印刷

定价：16.00 元

营销中心电话：400-606-6496

出版社网址：http://www.class.com.cn

http://jg.class.com.cn

前　言

为了更好地适应全国技工院校制冷设备运用与维修专业的教学要求，全面提升教学质量，人力资源社会保障部教材办公室组织有关学校的一线教师和行业、企业专家，在充分调研企业生产和学校教学情况、广泛听取教师对教材使用反馈意见的基础上，对全国技工院校制冷设备运用与维修专业教材进行了修订。本次修订后出版的教材包括：《制冷技术基础（第三版）》《制冷基本操作技能（第三版）》《空气调节与中央空调装置（第三版）》《小型制冷设备原理与维修（第三版）》《冷库技术（第三版）》，同时新增《户式中央空调结构原理与安装维修》及各教材的配套习题册。

本次教材修订工作的重点主要体现在以下几个方面：

第一，更新教材内容，体现时代发展。

根据制冷设备运用与维修专业毕业生工作岗位的实际需要和本专业教学实际情况的变化，合理确定学生应具备的能力与知识结构，对部分教材内容及其深度、难度做了适当调整；根据相关专业领域的最新发展，在教材中充实新知识、新技术、新设备、新材料等方面的内容，体现教材的先进性；采用最新国家技术标准，使教材更加科学和规范。

第二，改进表现形式，激发学习兴趣。

在教材内容的呈现形式上，较多地利用图片、实物照片和表格等形式将知识点生动地展示出来，力求让学生更直观地理解和掌握所学内容，在激发学生学习兴趣和自主学习积极性的同时，使教材"易教易学，易懂易用"。

第三，开发配套资源，提供教学服务。

本套教材增加了配套习题册和方便教师上课使用的多媒体电子课件。习题册的内容除常规设计之外，均附有2～3套模拟试卷，部分习题册还增加了与世界技能大赛制冷与空调项目相关的内容。多媒体电子课件可以通过职业教育教学资源和数字学习中心网站（http://zyjy.class.com.cn）下载。另外，在部分教材中使用了二维码技术，针对教材中的教学重点和难点制作了动画、视频、微课等多媒体资源，学生使用移动终端扫描二维码即可在线观看相应内容。

本次教材的修订工作得到了北京、江苏、浙江、广东等省人力资源社会保障厅及有关学校的大力支持，在此我们表示诚挚的谢意。

人力资源社会保障部教材办公室

2019 年 4 月

目 录

第一章　制冷技术基础知识

§1—1　压　　力

一、固体的压力与压强

压力一般可分为固体的压力和流体的压力，虽然它们形成的原因从微观上来看是一致的，但它们的宏观性质有很大差别。

1. 固体的压力

将作用在物体表面上的力叫压力。压力产生的条件是物体之间相互接触且相互挤压，压力作用的方向与受力面垂直，如图1—1所示为压力示意图。

现实生活中与压力有关的例子不胜枚举，如压榨机对甘蔗的压力（见图1—2）、乒乓球拍对球的压力（见图1—3）等。

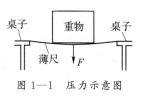

图1—1　压力示意图

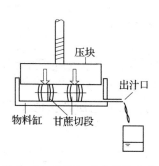

图1—2　压榨机对甘蔗的压力

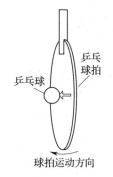

图1—3　乒乓球拍对球的压力

2. 固体的压强

压强是指物体单位面积上受到的压力，它是反映压力作用效果的物理量，可表示如下：

$$压强 = \frac{压力}{受力面积} \qquad \left(p = \frac{F}{S} \right) \qquad (1-1)$$

其常用单位为：Pa、MPa，其中 1 MPa＝1×10^6 Pa。

二、流体的压力与压强

1. 流体的压力

流体可以简单地认为是能流动的物体，一般指液体和气体。在理解流体如何产生压力前，先来了解下列几个生活中的现象。

雨天手持雨伞，雨下得越大、雨点越密，觉得雨伞越重，雨伞受雨点的压力如图1—4所示；刮大风时，撑着的伞不易抓牢，雨伞被大风刮飞，如图1—5所示。这些现象都表明运动着的物体撞击到另一个物体的表面时，会对该表面产生力的作用。

从微观上看，一切物体都是由分子、原子组成的，由于组成物体的分子或原子总在进行不规则运动，处于流体中的物体表面将不断受到大量流体分子的撞击，这种撞击从宏观上就表现为气体或液体对物体表面持续而均匀的压力，流体压力产生的原理如图1—6所示。

图1—4　雨伞受雨点的压力

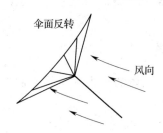

图1—5　雨伞被大风刮飞

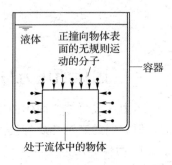

图1—6　流体压力产生的原理

2. 流体的压强

对于流体而言，知道其压强的大小往往比知道流体在一定面积上产生的压力大小更有意义。在制冷领域习惯把流体的压强称为"压力"。本书在后面的讲解中若未进行特别说明，所称的压力均指压强。

三、大气压力

1. 大气和大气压

地球周围被厚厚的空气所包围，这些空气称为大气，这一球壳形空气层称为大气层，如图1—7所示为大气及标准大气压示意图。大气所产生的压力称为"大气压力"，简称"大气压"。

必须指出的是，被密封在容器中的空气不能称为大气，因此它所产生的压力不是大气压，如图1—8所示。

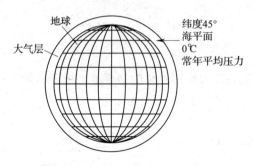

图1—7　大气及标准大气压示意图

图1—8　被密封在容器中的空气不是大气

2. 标准大气压

如图1—9所示，普通锅与高压锅在高原上烧饭效果不同，在高原上普通锅是难以把米饭煮熟的，这是因为随着海拔的增加空气越来越稀薄，大气压力越来越小，如图1—10所示，这样水的沸点也将随之降低，因此，在高原上人们通常需用高压锅来煮饭。

实践和理论都表明，大气压力不但与海拔有关，还随着地理纬度和气候等条件发生变化，为此规定在纬度为45°、温度为0℃的海平面上的年平均大气压力为1标准大气压，如图1—7所示。标准大气压也称物理大气压，用符号"atm"表示。

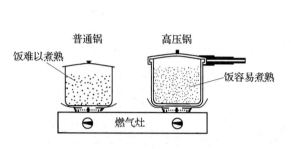

图1—9 普通锅与高压锅在高原上烧饭效果不同

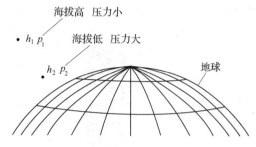

图1—10 大气压力随着海拔增加而减小

四、压力的单位及其换算

1. 压力的单位

在国际单位制中，力的单位是牛顿（N），面积的单位是平方米（m²），压力的单位是牛顿/平方米（N/m²），称作帕斯卡，简称"帕"，以符号"Pa"表示。

帕斯卡是一个量值很小的单位，在制冷工程技术中使用它很不方便，为此常用"兆帕"（MPa）、"千帕"（kPa）或"巴"（bar）作为压力的单位。

$$1 \text{兆帕} = 1 \times 10^6 \text{帕斯卡} \quad (1\,MPa = 1 \times 10^6\,Pa)$$

$$1 \text{千帕} = 1 \times 10^3 \text{帕斯卡} \quad (1\,kPa = 1 \times 10^3\,Pa)$$

$$1 \text{巴} = 1 \times 10^5 \text{帕斯卡} \quad (1\,bar = 1 \times 10^5\,Pa)$$

为了计算方便，在工程技术上压力的单位除了使用兆帕、千帕、巴和标准大气压外，也把千克力/平方厘米（kgf/cm²）作为压力的单位。1 kgf/cm²相当于质量为1千克的物体均匀地压在1平方厘米面积上的压力。因为1 kgf/cm²只略小于1标准大气压，故称其为"1工程大气压"，用符号"at"表示。

压力的大小有时也采用液柱高度来表示，如厘米汞柱、毫米水柱等，液体的压力如图1—11所示。

为了讨论方便，以内截面积为S的直方柱容器里的密度为ρ的某种静止液体为研究对象，并假设距离液面h处极薄层的液面被染上颜色，若不考虑液体上表面受到大气压的作用，则薄层上方液体对该薄层的总压力为：

$$F = G = mg = \rho Vg = \rho Shg \quad (1—2)$$

单位面积的压力为：

$$p = \frac{F}{S} = \frac{\rho Shg}{S} = \rho gh \quad (1—3)$$

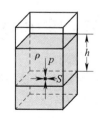

图1—11 液体的压力

根据静止流体的压力传递特性，上述压力数值即为同深度液面下的各点受到来自各个方向的压力大小。

由式（1—3）可见，因为重力加速度（g）和选定的液体密度（ρ）都为常值，所以压力的大小可以用液态物质的液柱高度来表示。

医院或保健站等一般用水银液柱式血压计测量血压，它的计量单位是厘米汞柱（cmHg），如图 1—12 所示。

对于微小压力，也可用毫米水柱（mmH$_2$O）作为单位，用如图 1—13 所示的装置进行测量。

图 1—12　水银液柱式血压计

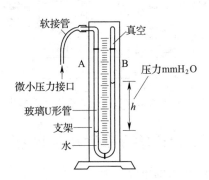

图 1—13　测量微小压力的装置

2. 压力单位的换算

各压力单位的换算关系见表 1—1。

表 1—1　　　　　　　　各压力单位的换算关系

帕（Pa）	工程大气压（at）	标准大气压（atm）	毫米汞柱（mmHg）
1	1.02×10^{-5}	9.87×10^{-6}	7.5×10^{-3}
9.8×10^4	1	9.68×10^{-1}	7.36×10^2
1.013×10^5	1.033	1	7.6×10^2
1.333×10^2	1.36×10^{-3}	1.316×10^{-3}	1

五、压力的分类

1. 绝对压力

绝对压力一般是指气体对其他物体表面的实际压力（大小）。如图 1—14 所示，气球外侧受到的大气对它的压力和内侧受到的球内气体对它的压力；如图 1—15 所示，口吸薄纸时，薄纸两边的压力都是绝对压力，绝对压力常用"$p_绝$"或"p_a"来表示。

有时用绝对压力不易反映问题的实质，比如通常情况升到高空的气球就会自行爆炸，这是由于高度增加，空气越来越稀薄，大气压力逐渐减小，气球的内外压力差增大，当压力差超过球皮的承受极限时气球就会自行爆炸。可见，这类情况最好用压力差来分析。

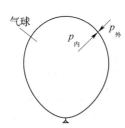

图 1—14　气球内外表面受到的压力

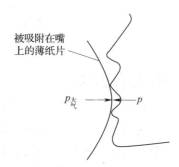

图 1—15　口吸薄纸时的情形

2. 相对压力

相对压力一般是指绝对压力与当地大气压力之差，即：

$$p_相 = p_绝 - p_大 \quad (\text{或 } p_q = p_a - B) \tag{1—4}$$

式中：p_q 表示相对压力，B 表示当地大气压力。

3. 表压力

表压力一般是指用压力表直接测量出来的压力值，表压力在数值上应为相对压力值。

例如，查资料可知常见的家用空调器用制冷剂 R134a，在蒸发温度为 6 ℃时其对应的蒸发压力绝对值约为 0.36 MPa。但用压力表测得的读数却为 0.26 MPa 左右，这是因为压力表测的是相对压力，上述测量中压力表的读数应为 0.36 MPa 的绝对压力值减去约为 0.1 MPa 的当地大气压力值，即得到约 0.26 MPa 的表压力值，如图 1—16 所示，压力表显示相对压力。

4. 真空度

如图 1—15 所示，当用嘴吸薄纸片时，嘴一侧薄纸至口中的气体的绝对压力小于大气压力，相对压力为负值。当气体的绝对压力小于大气压力时，把当地大气压与绝对压力的差值称为"真空度"，即：

$$p_真 = B - p_绝 \quad (p_v = B - p_a) \tag{1—5}$$

工程上为方便计算，以定值 0.98×10^5 Pa 作为当地大气压值，故有：

$$p_真 = 0.98 \times 10^5 \text{ Pa} - p_绝 \quad (p_v = 0.98 \times 10^5 \text{ Pa} - p_a) \tag{1—6}$$

真空度可用真空压力表直接测量，表中"负"数表示真空度，如图 1—17 所示。

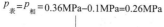

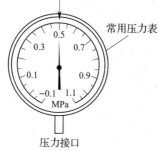

图 1—16　压力表显示相对压力

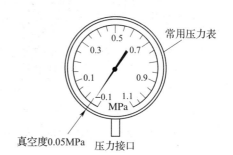

图 1—17　真空压力表显示真空度

§1—2　温度与热量

一、温度的意义

任何物体都由分子（或原子）组成，研究认为热现象是由物体内部大量分子做无规则运动引起的。物体的分子之间存在着一定的间隙和相互作用力，且物体分子进行无规则热运动，如图 1—18 所示，犹如无数个弹性十足的小球在进行永不停息的互相碰撞，分子平均运动速度的大小决定了物体的温度，分子平均运动速度越大，物体的温度越高，反之则越低。因此，温度从微观上反映了物体分子热运动的剧烈程度，宏观上则反映了物体的冷热程度。

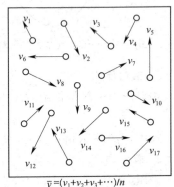

$$\bar{v}=(v_1+v_2+v_3+\cdots)/n$$

$\bar{v}$ 越大,则温度越高、感觉越热

图 1—18　物体分子进行无规则热运动

二、温标

由前一知识可知温度是表示物体冷热程度的物理量，而用来量度温度数值的标尺叫作温标。

1. 摄氏温标

在 1 标准大气压下，以纯水的冰点[①]为 0 摄氏度，沸点[②]为 100 摄氏度，把其间的值等分 100 份，每 1 份规定为 1 摄氏度，记作 1 ℃，如图 1—19a 所示。摄氏温标在日常生活中得到了广泛应用，如未特别说明，温度大小通常指摄氏度数值。

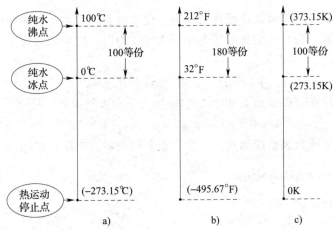

图 1—19　三种温标的定义及三种温标的关系示意图
a）摄氏温标　b）华氏温标　c）开氏温标

---

　　①　冰点，即水的三相点，是指纯冰和纯水在 1 标准大气压下达到固液平衡时的温度，且纯水中应有空气溶解度达到饱和。

　　②　纯水的沸点即纯水和水蒸气在蒸汽压为 1 标准大气压下达到气液平衡时的温度。

2. 华氏温标

在 1 标准大气压下，以纯水的冰点为 32 华氏度，沸点为 212 华氏度，把其间的值等分 180 份，每 1 份规定为 1 华氏度，记作 1°F，如图 1—19b 所示。华氏温标目前只有美国等少数国家和地区仍在使用。

3. 热力学温标

摄氏温标和华氏温标的建立原则虽然简单明了，但都有其不足之处：一方面，它们都需要依赖具体的测温物质及其测温属性[①]，并且由于一切物质的测温属性都会呈现非线性的缘故，会引起用不同测温物质和测温属性测量同一对象时，得到的结果不完全一致，几种不同测温方法的测温误差如图 1—20 所示；另一方面，上述两种温标存在着科学性方面的缺陷。可以这样想，既然热现象因分子热运动引起，那只要物体的分子还在进行热运动，物体就应该有"温度"，而只有当分子热运动完全停止时，才算得上真正意义上的"0"度。因此，开尔文提出了新的温标。

热力学温标规定[②]物体内部分子停止热运动的温度为 0 度，温差沿用摄氏温标的规定，单位为"开尔文"，简称"开"，记作 K，如图 1—19c 所示。如图 1—21 所示是热力学温标的温差规定。

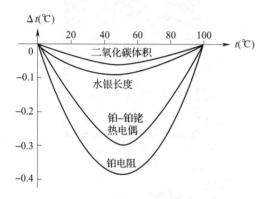

图 1—20 几种不同测温方法的测温误差

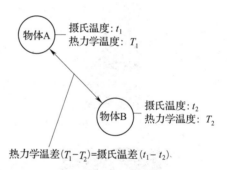

图 1—21 热力学温标的温差规定

综上所述，温标其实就是温度的数值表示法，即测量物体冷热程度的"尺"。

上述三种温标的换算关系如下：

摄氏温度数 ＝ 开氏温度数 － 273.15   即 $t(℃) = T(K) - 273.15$

华氏温度数 ＝ $32 + \dfrac{9}{5}$ 摄氏温度数   即 $F(°F) = 32 + \dfrac{9}{5}t(℃)$

例题 室温为 17 ℃，换算成华氏为多少度？

解：$F = 1.8t + 32 = 1.8 \times 17 + 32 = 62.6$（°F）

例题 某冷库的室温为 10 °F，换算成摄氏为多少度？

解：$t = (F - 32)/1.8 = (10 - 32)/1.8 \approx -12.22$（℃）

例题 设低温箱的箱温降至 －35 ℃，求此时箱温的绝对温度为多少开氏度？

---

① 测温属性是指测温物质随温度变化的某项物理参数，如长度、体积、压力、弹性、电阻、颜色、热电动势等。

② 热力学温标的标准定义并非如此，教材中这样处理可以方便理解。现在的摄氏温标其实也随热力学温标的确定而略有修正。

解：$T = t + 273 = (-35) + 273 = 238$ （K）

三、温度计

温度计是测量温度的工具，其类型较多，有液体温度计、双金属弹簧式温度计、电阻温度计、气体温度计、热电偶温度计和色标温度计等。

常见的液体温度计有水银温度计、酒精温度计和煤油温度计等，医用水银温度计就是液体温度计，如图1—22所示。

如图1—23所示为一款数显式电阻温度计。

如图1—24所示为一款双金属弹簧式温度计。

气体温度计一般还分定容温度计和定压气体温度计（见图1—25）。

图1—22　医用水银温度计

图1—23　数显式电阻温度计

图1—24　双金属弹簧式温度计

图1—25　定压气体温度计

四、内能与热量

1. 内能

为了理解内能的概念，需要先了解能、动能和重力势能的概念。

能是指物体做功的本领。流动着的河水能带动水轮机发电，从而产生电能，这表明流动的河水具有能。

研究表明，一切运动的物体都具有做功的本领，这种本领称为动能，如图1—26所示。

建造高楼打地基时，打桩机的重锤从高处落下能把水泥桩打进地里，这表明被举高的重锤具有能，这种物体因被举高而具有的能称为重力势能，如图1—27所示。

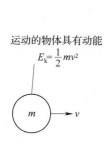

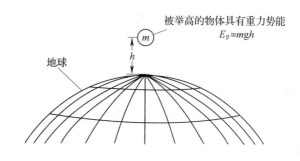

图1—26　运动的物体具有动能　　　图1—27　被举高的物体具有重力势能

动能和重力势能都是宏观上的机械能，作为微观上的分子也存在着类似情况。

组成物体的大量分子一方面因不停地做无规则运动而具有分子动能（也称热动能），另一方面因分子间存在着相互作用力并存间距而具有分子势能（也称热势能），这两者合称为内能。

实践表明，在压力、光照、通电、化学或加热等作用下，物体内部的分子运动都会加剧，平均速度增大，从而引起热动能的增加。

实践还表明，当物体接受外界能量而体积膨胀时，如物体受热由液态变为气态时将使分子间距增大，热势能将会增加。

2. 热量

如图1—28所示，设有两个物体A和B，且A的温度高于B的温度，当它们充分接触后，A物体的温度会逐渐下降，而B物体的温度会逐渐升高，这个过程中物体A有一部分内能以传热的方式转移到了物体B上，把这部分内能称为热量，热量是高温物体与低温物体之间或同一物体的高温部分与低温部分之间以传热的方式转移的那部分内能，常用符号Q表示。

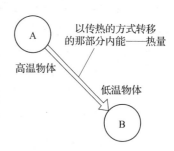

图1—28　热量的概念

必须指出，热量是在内能发生转移时产生的，离开了这个过程谈热量是没有意义的。

（1）**热量的国际单位**

在国际单位制中，热量的主单位是"焦耳"，简称"焦"，用符号"J"表示。"焦耳"是个量值较小的单位，在制冷工程计算中使用起来不太方便，因而常用"千焦"。

$$1 千焦 = 1 \times 10^3 焦耳 （ 1 kJ = 1 \times 10^3 J）$$

（2）**热量的工程单位**

工程上多用大卡为热量的单位，1大卡相当于将1标准大气压下的1 kg纯水温度升高

1℃所需要吸收的热量。大卡也称千卡，用符号 kCal 表示。

（3）热量单位的换算关系

$1 \text{ kCal} = 1 \times 10^3 \text{ Cal} = 4.18 \times 10^3 \text{ J} = 4.18 \text{ kJ}$

或 $1 \text{ kJ} = 0.24 \text{ kCal}$

上述换算关系称为热功当量。

五、比热容与热容量

1. 物质的比热容

在传热过程中，物体温度的变化大小不但与传进传出的热量多少以及物体的质量有关，还与组成物体的物质有关，研究发现：

（1）同一物体，吸收或放出的热量不同，温度的变化不同，同一物体吸收热量与温升成正比，如图 1—29 所示。

（2）质量相等但由不同物质组成的物体，即使吸收或放出的热量相等，其温度变化也不相等，如图 1—30 所示。为此，常用比热容来反映物质的这种特性。

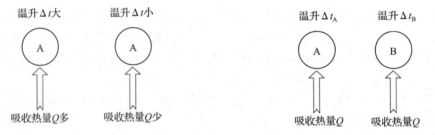

图 1—29　同一物体吸收热量与温升成正比　　图 1—30　质量相等的不同物体吸收同等热量温升不同

单位质量的某种物质组成的物体温度升高或降低 1℃ 所需要吸收或放出的热量称为这种物质的质量比热容，简称比热容，用符号"c"表示，单位是：kJ/(kg·℃)，读作千焦每千克摄氏度。表 1—2 列出了制冷行业中常用的几种物质的比热容。

表 1—2　　　　　　　　　制冷行业中常用的几种物质的比热容

物质	空气	冰	铜	铝	钢	R134a (20℃)	R600a (液)
比热容 kJ/(kg·℃)	1.005	2.09	0.389	0.879	0.575	0.855	1.805

根据热量单位大卡的定义和热功当量，在 1 标准大气压下，1 kg 水温度升高或降低 1℃，需要吸收或放出 1 大卡（即 4.18 kJ）的热量，因此，水的比热容为 1 kCal/(kg·℃) 或 4.18 kJ/(kg·℃)。

对于同等质量的不同物质，升高或降低相同温度，比热容大的物体需要吸收或放出的热量就多。

必须指出，不但不同物质的质量比热容不同，即使同种物质在状态不同时，其比热容也会有所不同[①]。例如，水的比热容为 4.18 kJ/(kg·℃)，而冰的比热容为 2.09 kJ/(kg·℃)。又

---

　① 物质的比热容还会随其温度的不同而略有差别，本教材在处理这类问题时把比热容视为与温度高低无关的定值。

如瘦牛肉的比热容为 3.21 kJ/(kg·℃)，而牛肉冻结后的比热容为 1.71 kJ/(kg·℃)。

2. 热容量

用同一个电热水壶烧开水，水量越少所需要的时间越短，这是由于这些水要达到同样的"温升"，它们所要吸收的热量不同，水量越少需要吸收的热量越少，水量越多需要吸收的热量越多。在制冷工程领域，为了研究方便，又引出了一个新的概念——热容量，即物体的质量与其质量比热容的乘积。热容量大的物体升高或降低同样的温度需要吸收或放出的热量越多，反之则越少。这个问题可在空调器的制冷工作中得到证实，如图 1—31 所示为空调制冷时室内外温度变化示意图，由于地球大气环境是开放的，质量很大，其热容量也很大，而空调器所在的房间内空气质量有限，相对来说热容量小得多，所以在空调器制冷工作时，在相等的时间里尽管空调器向室外放出的热量比从室内吸走的热量还略多一点，但室外的环境温度能基本保持稳定，而室内的温度却能下降许多。

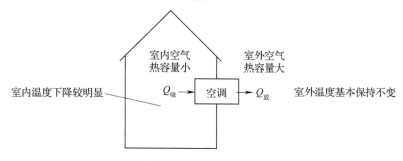

图 1—31　空调制冷时室内外温度变化示意图

学习热容量的知识是为了应用，在制冷设备的设计和安装中应该在保证有效制冷量和制冷容积的前提下，尽量减少室（柜或箱）内空间，同时增大室外环境空间，以提高制冷效率。例如，在空调器的安装中，不要将室内机挂得过高，这样可以减小室内热容量；同时尽量使室外机置于空旷位置，这样可以增大室外有效换热空间，增大有效热容量，便于散热，如图 1—32 所示为热容量知识在空调器安装中的应用示意图。

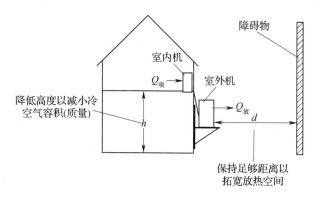

图 1—32　热容量知识在空调器安装中的应用示意图

六、物体温度变化时热量的计算

物体在吸热和放热时，温度变化与热量转移的关系可用下式表示：

$$热量＝比热容×质量×温度的变化量 \quad (Q＝cm\Delta t) \quad\quad (1—7)$$

式中：Q 为热量，单位为 kJ 或 J；c 为质量比热容，单位为 kJ/kg·℃或 J/g·℃；m 为质量，单位为 kg 或 g；$\Delta t＝t_末－t_初$，单位为 ℃。

例题 要把 20 ℃、2.5 kg 的水烧开，需要吸收多少热量？

解：水的比热容 $c＝4.18$ kJ/(kg·℃)

水的质量 $m＝2.5$ kg

水的初始温度 $t_初＝20$ ℃

水的末了温度 $t_末＝100$ ℃ （1 标准大气压下水的沸点是 100 ℃）

上述过程中水至少需要吸收的热量 $Q＝cm\Delta t$

$$＝4.18×2.5×(100－20)$$
$$＝836 （kJ）$$

例题 将 32 ℃、1.5 kg 的瘦牛肉放入箱温是 2 ℃的冷藏室足够长时间，牛肉要放出多少热量（以大卡计)？

解：瘦牛肉的质量比热容 $c＝3.21$ kJ/(kg·℃)

瘦牛肉的质量 $m＝1.5$ kg

瘦牛肉的初始温度 $t_初＝32$ ℃

瘦牛肉的末了温度 $t_末＝2$ ℃

上述过程中瘦牛肉要放出的热量 $Q＝cm\Delta t$

$$＝3.21×1.5×(2－32)$$
$$＝－144.45 （kJ）$$

$－144.45$ kJ$＝0.24×(－144.45)＝－34.668 （kCal）$

式中负数表示"放热"。

§1—3 传 热

热量会从高温物体向低温物体传递或转移，或从同一物体的高温部分向低温部分传递或转移，发生这种现象的原动力是温差。

热量传递的方式有热传导、对流换热和热辐射 3 种基本形式。

一、热传导

1. 热传导的概念

如图 1—33 所示，当手握铁棒的 B 端而 A 端被加热时，很快地手就会感觉到未被加热的那一端也逐渐地热起来，直至发烫。这是因为热量从加热的一端逐渐地传向了未被加热的一端，使该端温度升高。热量从系统的一部分传到另一部分或由一个系统传到另一个系统的

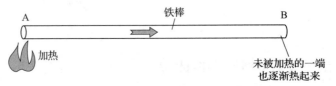

图 1—33 热量从铁棒的一端传向另一端

现象，就称为热传导。

2. 物质的导热性能及其应用

事实表明，不同物质的热传导能力不同。热传导能力较强的物体称为热的良导体，如铜、铝等各种金属材料。热传导能力较弱的物体称为热的不良导体，如棉麻丝及其织品、玻璃纤维、软木和各种泡沫塑料等非金属材料。物质的导热能力可由导热系数来体现，导热系数是指在稳定传热条件下，1 m 厚的材料，通过 1 m² 传递的热量，其单位为 W/(m·K)，此处 K 可用 ℃ 代替。表 1—3 列出了一些物质的导热系数。

表 1—3　　　　　　　　　　　　一些物质的导热系数 λ

材　　料	λ[W/(m·K)]	材　　料	λ[W/(m·K)]
铜	1 386	玻璃	3.86
铝	735	水	2.14
钢	201.6	玻璃丝棉	0.13
新霜	0.38	发泡塑料	0.08
旧霜	1.76	空气	0.08

了解不同物质导热性能的目的是，在需要传热时尽可能地选用导热系数大的材料，力求加强传热；在不需要传热时尽可能地选用导热系数小的材料，力求减弱传热。

蒸发器和冷凝器是制冷设备中常见的换热器件。蒸发器的基本作用是吸收需降温区域的热量，维持该区域的低温状态，如图 1—34 所示。在家用电冰箱中，为了促进其更好地吸收冷冻室或冷藏室的热量，蒸发器的管道及其衬板等多用热的良导体如铜或铝材料制作。在家用空调器中，冷凝器的基本作用是要将蒸发器吸收的热量排放到外界环境中，如图 1—35 所示，为了保证排热效果，冷凝器的管道和翅片也多采用热的良导体铜或铝作为原材料。

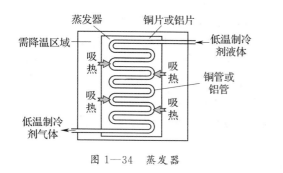

图 1—34　蒸发器

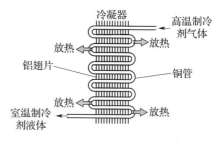

图 1—35　冷凝器

家用电冰箱的冷冻室温度通常达−18 ℃，冷藏室也在 0～10 ℃ 范围内，为了减少外界热量的侵入，箱体的外壳与内胆之间通常填充热的不良导体，如聚氨酯发泡体或其他绝热材料，以减少热量经热传导形式"侵入"箱内低温区。家用电冰箱侧面阻热措施之一，如图 1—36 所示。

3. 热传导的计算

在进行家用电冰箱和冷库的设计，或进行家用空调器的选用时，确定设备制冷能力的依据是单位时间内传入被降温区域的热量。通常情况下，经热传导途径传入的热量占主要部分。

现在以单层壁面为例，介绍理想情况下导热量的计算。如图 1—37 所示为单层壁面热传导示意图，设有面积为 S、厚度为 δ、导热系数为 λ 的均匀单层壁面，则在双侧存在温差 Δt 的理想情况下，单位时间从高温侧传向低温侧的热量为：

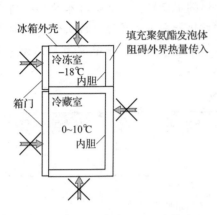

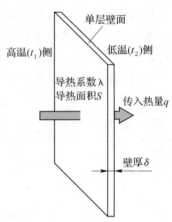

图 1—36　家用电冰箱侧面阻热措施之一

图 1—37　单层壁面热传导示意图

$$Q = \frac{\lambda S}{\delta} \Delta t \tag{1—8}$$

或

$$Q = \frac{\Delta t}{\dfrac{\delta}{\lambda S}} \qquad \left(\frac{\delta}{\lambda S} \text{ 称为热阻}\right) \tag{1—9}$$

式中：S 为面积，单位为 m^2，δ 为厚度，单位为 m，λ 为导热系数，单位为 $W/(m \cdot K)$，Δt 为传热温度，单位为℃。

上述表达式的物理意义十分明显：均匀单层壁面单位时间的导热量与双侧温差成正比，与其热阻成反比。

上述公式仅适用于理想情况下均匀单层壁面导热量的计算，对于一些多层、非完全平面等复杂壁面，它不但具有指导作用，还可以通过面积折合、分段计算等修正措施较准确地求出导热量。

例题　有一台冰柜，箱体厚度约为 5 cm，总表面积约合 5.0 m²，正常工作时箱内温度为 −18 ℃，每天的平均室温约为 22 ℃。问每天约有多少热量经热传导途径进入箱内？

解： 由于冰柜六面外侧基本处于同一室温（22 ℃）下，而内侧都处于同一低温（−18 ℃）下，六侧面的保温材料相同、厚度基本一致，所以在求导热量时可以把它当作单层壁面来处理。

查箱体保温材料的导热系数 $\lambda = 0.1\ W/(m \cdot K)$

单层壁面导热面积 $S = 5.0\ m^2$

单层壁面厚度 $\delta = 0.05\ m$

高温侧温度 $t_1 = 22\ ℃$

低温侧温度 $t_2 = -18\ ℃$

每小时经热传导途径传入箱内的热量约为

$$Q = \frac{\lambda S \Delta t}{\delta}$$

$$= \frac{0.1 \times 5 \times [22 - (-18)]}{0.05}$$

$$=400(\mathrm{kJ})$$

每天经热传导途径传入箱内的热量约为：$Q=400\times24=9\,600$（kJ）

二、对流换热

1. 对流换热的概念

在吃热豆腐时，会用吹气的方式来降温，如图1—38所示。当急于喝水时，可以用自来水冲淋来快速冷却热开水，如图1—39所示。这种流体（气体或液体）流过固体壁面时流体与壁面之间的热量传递称为对流换热。

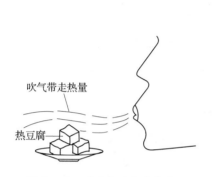

图1—38　用吹气的方式来降温

图1—39　用自来水冲淋来快速冷却热开水

2. 对流换热的两种形式

（1）自然对流换热

如图1—40所示是直冷式电冰箱冷藏室自然对流换热示意图，电冰箱工作时流过蒸发器的制冷剂通过管道吸收周围空气的热量，使周围的空气温度下降，密度增大，在重力的作用下冷空气下沉。这些被冷却的空气在流经下面的物品表面时吸收热量而温度升高，密度减小，然后上浮，形成空气的上下自然流动，使物品温度逐渐下降，这种靠空气的自然对流实现热量交换的方式称为自然对流换热。

（2）强迫对流换热

如图1—41所示是双门间冷式电冰箱冷藏室和冷冻室强迫对流换热示意图，电冰箱工作

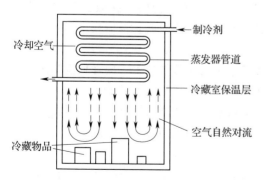

图1—40　直冷式电冰箱冷藏室
自然对流换热示意图

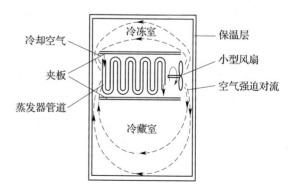

图1—41　双门间冷式电冰箱冷藏室和
冷冻室强迫对流换热示意图

时置于中间夹层中的蒸发器将其周围的空气冷却后，利用小型风扇强制将冷空气送入冷冻室和冷藏室，对食品进行循环冷却。这种靠外力（如风扇的转动或水泵的抽吸）强制空气流动从而实现热量交换的方式称为强迫对流换热。

3. 对流换热公式

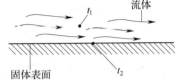

图 1—42　表面对流换热过程示意图

对于换热器而言，其对流换热量涉及的因素较多，计算起来比较困难。但对于如图 1—42 所示的表面对流换热过程来说，其换热量的计算并不费力。若流体的温度为 t_1、固体表面温度为 t_2、固体壁面积为 S，放热系数[①]为 α，那么单位时间内的换热量与放热系数、面积和温差成正比：

$$Q = \alpha S \Delta t \tag{1—10}$$

式中：Q 为单位时间换热量，单位为 kJ；α 为放热系数，单位为 kJ/(m²·h·℃)[②]；S 为流体与固体壁的接触面积，单位为 m²；Δt 为流体与固体壁的温差，单位为 ℃。

一些物质的放热系数见表 1—4。

表 1—4　　　　　　　　　　　一些物质的放热系数

流体的种类和状态	放热系数 α（kJ/m²·h·K）
气体（静止）	4～20
气体（流动）	10～50
液体（静止）	70～300
液体（流动）	200～1 000

三、热辐射

1. 热辐射的概念

当处在高温物体附近时，虽未与之接触，却能感受到它的温热。物体因自身的温度而具有向外发射能量的本领，这种热传递的方式称为热辐射。热辐射与热传导、热对流不同，它能不依靠媒质把热量直接从一个系统传递给另一个系统。

研究表明，热辐射是因分子热运动而激发的电磁波。因此，温度高于绝对零度的物体都会以热辐射的形式向外传递热量，温度越高，辐射越强，如图 1—43 所示为热辐射传热过程示意图。

可以理解，不只是高温物体会向低温物体辐射热量，低温物体也会向高温物体辐射热量，只不过在热量交换中，低温物体接收到的辐射多一些，而高温物体接收到的辐射少一些。总的效果是低温物体从高温物体处吸收了热量，而高温物体向低温物体放出了热量。

2. 影响热辐射换热量大小的因素

（1）温差越大，高温物体以热辐射的形式向外界放出的热量就越多，同样低温物体以热辐射的形式从外界吸收的热量越多，如图 1—44 所示为热辐射传热与温差的关系。

（2）物体表面颜色越深，向外热辐射和从外界吸收热辐射的能力就越强。

例如，在雪后晴日的雪地上放一块黑布后，黑布下面及四周的雪很容易融化。

---

① 放热系数 α 由流体的种类和流体的流动状态等决定，液体的 α 较气体大得多，流动的大于静止的，流速高的大于流速低的。

② 放热系数的单位 kJ/(m²·h·℃) 或 kJ/(m²·h·K) 分别读作"千焦每平方米（小）时摄氏度"或"千焦每平方米（小）时开"。

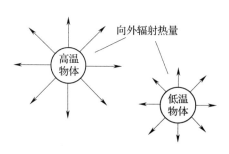

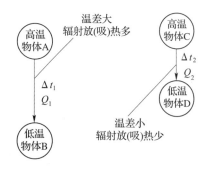

图 1—43　热辐射传热过程示意图　　　图 1—44　热辐射传热与温差的关系

（3）物体表面越粗糙，向外热辐射和从外界吸收热辐射的能力就越强。

热辐射有利有弊，在家用电冰箱中为减少冷冻室和冷藏室对外界热辐射的吸收，箱体外壁表面做得白亮、光洁；而为了增强冷凝器的传热效果，其外表总加工成黑色，并附加翅片或肋条等来提高向外界放热的能力。

必须指出，实际的传热过程较为复杂，虽然一般会以其中某一形式为主，但往往是 3 种形式（热对流、热传导、热辐射）的传热同时进行。

§1—4　物态变化

到目前为止，绝大部分制冷设备都是利用制冷剂在液态和气态之间变化时的吸热、放热来实现制冷的。因为制冷与制冷剂的物态及其变化紧密相关，下面将学习物态及其变化的有关知识。

一、物态的概念

物态也称相态，是指组成物质的大量分子在宏观上的集合状态。自然界的物质大多以固、液、气 3 种物态形式存在。例如，通常情况下铁为固态（或称固相），水银为液态（或称液相），氧为气态（或称气相），分别如图 1—45、图 1—46 和图 1—47 所示。

图 1—45　扳手材质铁　　图 1—46　温度表里的感温　　图 1—47　钢瓶中的氧气
　　　——固态　　　　　　剂水银——液态　　　　　　——气态

二、不同物态的微观机理及其宏观表现

1. 固态

如图 1—48 所示为固体微观模型，固体分子的间距很小，每个分子都被"挤"在各自很小的范围内，它们只能进行幅度很小的振动，分子相互间的吸引力很大，难以游离"出格"。因此，固体具有一定的形状、体积和机械强度。

2. 液态

如图 1—49 所示为液体微观模型，液体分子的间距比固体分子的大一些，每个分子有较大的自由度，能在"集体"内到处"游动"；但由于分子间的吸引力仍较大，故每个分子难以脱离"集体"。因此，液体无一定的形状，但具有一定的体积。

3. 气态

如图 1—50 所示为气体微观模型，气体分子间距大且无定值，相互间的吸引力很小，每个分子在做"居无

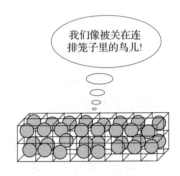

图 1—48　固体微观模型

定所"的无规则热运动，互相之间几乎没有约束，每个分子可以到达任何能够到达的地方。因此，气体既无固定的形状，也无一定的体积。

图 1—49　液体微观模型

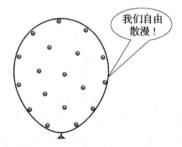

图 1—50　气体微观模型

三、物态变化的原因

物质处于何种物态，是由分子热运动的强弱和分子间作用力的大小两个方面因素来决定的，如图 1—51 所示。分子热运动十分微弱时，各分子完全在相邻分子的束缚范围之内，分子间距很小，物质便以固态出现，如图 1—52 所示。当分子热运动较强，但仍不能完全摆脱其他分子对它的束缚时，物质便以液态存在，如图 1—53 所示。当分子热运动大到能摆脱一切分子对它的束缚时，物质便以气态存在，如图 1—54 所示。

例如，在 1 标准大气压下、0 ℃以下的水为固态冰，这时分子热运动较弱，各分子完全在相邻分子的束缚范围之内，分子间距很小。当它吸收适当的热量后分子热运动加剧，分子间距略有增大，但仍不能完全摆脱其他分子对它的束缚，这时固态冰变成为液态水。当继续加热至 100 ℃以上时，分子热运动大到能摆脱其他分子的束缚，液态水便成为水蒸气。可见，物态变化是热量交换的结果。

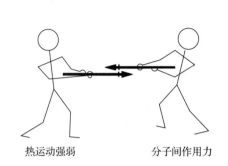

热运动强弱　　　分子间作用力

图1—51　物质处于何种物态是分子热运动
　　　　强弱与分子间作用力较量的结果

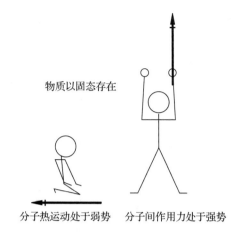

物质以固态存在

分子热运动处于弱势　分子间作用力处于强势

图1—52　造成物质处于固态的原因

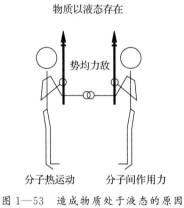

物质以液态存在

势均力敌

分子热运动　　　分子间作用力

图1—53　造成物质处于液态的原因

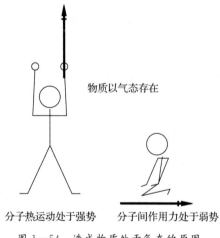

物质以气态存在

分子热运动处于强势　分子间作用力处于弱势

图1—54　造成物质处于气态的原因

四、几种物态变化

物质在一定条件下能在3种物态中相互转变，此过程被称为相变，如图1—55所示。下面从制冷工程技术的要求出发，重点介绍液体的汽化和气体的液化。

1. 汽化与汽化热

汽化是指物质由液态转变为气态的过程。汽化有蒸发和沸腾两种形式。

蒸发是只发生在液体表面的汽化。如盛放在碗中的水无论温度高低，压力如何，会随着时间的推移逐渐减少，最终完全"挥发"，水的蒸发现象如

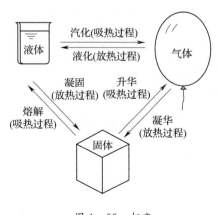

图1—55　相变

图1—56所示。可见液体的蒸发能在任何温度下进行，不过温度越高，蒸发速度越快。

沸腾是液体表面和内部同时发生的剧烈汽化。如图1—57所示为水的沸腾现象，水壶中水烧开时的情景就是一种剧烈的汽化现象——沸腾。

一般来说，蒸发在任何压力、温度下都在进行着，只是局限在表面的汽化，而沸腾在一定压力下只有达到与此压力相对应的一定温度时才能进行。例如，在1标准大气压下，水温达到100 ℃时才沸腾。

图1—56 水的蒸发现象

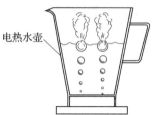

电热水壶

图1—57 水的沸腾现象

物质由液态变为气态，必须吸收热量才能实现。单位质量的某种液体汽化为同温度的气体所必须吸收的热量称为这种物质的汽化热。汽化热的单位是"千焦/千克"。从表1—5中可以看出，不同物质的汽化热是不同的[①]。

表1—5   某些物质的汽化热

物　　质	汽化热（kJ/kg）	物　　质	汽化热（kJ/kg）
液态钨	$4.01×10^3$	乙醚	352
液态铁	$6.30×10^3$	液态氮	$1.37×10^3$
水银	289	液态氧	214
水	$2.26×10^3$	液态氢	453
酒精	855	液态氦	25

在制冷工程技术中，制冷剂在管道中的汽化称为"蒸发"（本书在后面的叙述除特别说明外，皆如此处理）。

2. 液化和液化热

液化是指物质由气态转变为液态的过程。液化是汽化的反过程，在制冷技术中通常称制冷剂的液化为"冷凝"。

液化现象在日常生活中随处可见，冬天在室外说话时，离开口中的水蒸气遇到冷空气会液化为许多小颗粒状的水珠，犹如白雾。早晨的露水、空调器制冷工作时向外排放的冷凝水等也是空气中水蒸气液化的产物。

物质由气态变为液态，必须放出热量才能实现。单位质量某种气体液化为同温度的液体所必须放出的热量称为物质的液化热。

五、显热和潜热

1. 显热

在将0 ℃以上的水加热到100 ℃之前，水在吸收热量的同时伴随着温度的升高，但水的

---

① 即使是同一种物质，在不同压力或不同温度下其汽化热也有所不同，各种物质的汽化热随温度的升高而降低。

相态没有改变。在这个过程中物体吸收（或放出）热量，微观上只使物体分子的动能增加（或减少），宏观上造成物体的温度升高（或降低），但并没有引起物态的变化，这时物体吸收（或放出）的热量（或热能）称为"显热"。其计算公式如下：

$$Q = cm\Delta t \qquad\qquad (1—11)$$

2. 潜热

在将 0 ℃的冰加热时冰逐渐融化成水，在此过程中冰的温度始终保持在 0 ℃不变。在这个过程中物体吸收（或放出）热量，微观上只使物体分子的势能增大（或减小），宏观上物态发生了变化，但并没有引起物体的温度变化，这时物体吸收（或放出）的热量（或热能）称为潜热。

潜热有汽化热和液化热、溶解热和凝固热、升华热和凝华热 6 种。

实践表明：

（1）不同物质的潜热不同。如水在 1 标准大气压下的汽化潜热是 2.26×10^3 kJ/kg，而酒精则为 0.855×10^3 kJ/kg。

（2）不同相变的潜热不同。如冰在 1 标准大气压下的溶解潜热是 0.333×10^3 kJ/kg，而水汽化潜热则为 2.26×10^3 kJ/kg。

（3）相同条件下，汽化热与液化热相等，溶解热与凝固热相等，升华热与凝华热相等。

（4）不同条件下，潜热有所不同。如 0 ℃时水的汽化热是 2 501.0 kJ/kg，而 5 ℃时是 2 489.2 kJ/kg。

潜热的计算公式如下：

$$Q = rm \qquad\qquad (1—12)$$

式中的 r，可以是相应物质单位质量的汽化热或液化热，可以是溶解热或凝固热，也可以是升华热或凝华热。

例题 从一普通双门冰箱的冷冻室里取出一块质量为 1 kg 的冰，并将其放到一个烧杯中加热，直至完全烧干。问：（1）一共经历了哪几个热力过程？（2）每个过程至少要吸收多少热量？

解：（1）共经历了 4 个热力过程：

冰的吸热升温过程，冰的等温溶解过程，水的吸热升温过程，水的等温汽化过程。

（2）每个过程吸收的热量：

1）冰在吸热升温过程中吸收的热量

冰的比热容 $c_1 = 2.09$ kJ/(kg·℃)

冰的质量 $m_1 = 1$ kg

冰的初温 $t_{11} = -18$ ℃①

冰的末温 $t_{12} = 0$ ℃

冰在吸热升温过程中至少吸收的热量 $Q_1 = c_1 m_1 \Delta t_1 = 2.09 \times 1 \times [0 - (-18)] = 37.62$（kJ）

2）冰在等温溶解过程中吸收的热量

冰的溶解热 $r_2 = 333$ kJ/kg

---

① 普通双门直冷式电冰箱冷冻室的温度一般为 -18 ℃。

冰的质量 m_2＝1 kg

冰在溶解过程中至少吸收的热量 $Q_2 = r_2 m_2 = 333 \times 1 = 333$（kJ）

3）水在吸热升温过程中吸收的热量

水的比热容 $c_3 = 4.18$ kJ/(kg·℃)

水的质量 m_3＝1 kg

水的初温 t_{31}＝0 ℃

水的末温 t_{32}＝100 ℃

水在吸热升温过程中至少吸收的热量 $Q_3 = c_3 m_3 \Delta t_3 = 4.18 \times 1 \times (100 - 0) = 418$（kJ）

4）水在等温汽化过程中吸收的热量

水的汽化热 $r_4 = 2.26 \times 10^3$ kJ/kg

水的质量 m_4＝1 kg

水在等温汽化过程中至少吸收的热量 $Q_4 = r_4 m_4 = 2\,260 \times 1 = 2\,260$（kJ）

从计算结果可以看出，潜热虽然是一种隐性热量，但其数量是十分可观的。所以，在实际的制冷过程中基本上都是利用相变吸收潜热来实现的。

上述过程可以用图 1—58 来直观地反映吸热与温升、物态变化的关系。图中 EF 直线段表示若继续对 100 ℃ 的蒸汽[1]加热时的"温度—热量"图线。

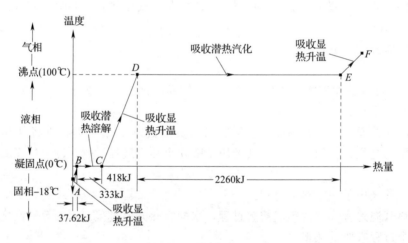

图 1—58 1 标准大气压下，单位质量纯"水"吸热与温升、物态变化关系示意图

物质的放热与温度下降、物态变化的关系图线跟物质吸热与温度上升、物态变化的关系图线完全重合，但是热力过程的方向相反。

§1—5 饱和蒸气的热力性质

一、饱和状态

如图 1—59 所示，一些装在敞口容器里的某种液体接近液面的分子，在受到液体中其他

---

① "蒸汽"特指水蒸气，"蒸气"指一般物质的气体。

做无规则运动的分子向上的撞击并获得足够动能后脱离液面，然后分散到周围的空间，时间长了，容器中的液体会全部挥发掉。如图 1—60 所示，给该容器加上密封盖，则在液体汽化的同时，液面上方附近的一些蒸气分子会被其他做无规则运动的蒸气分子撞回液体，但起初是离开液体的分子多，跑回液体的分子少，随着液体分子的不断减少，蒸气分子不断增多，当蒸气分子的密度达到一定程度时，相同时间内逸出液面的分子与回到液体中的分子数量相等。这时液态分子与气态分子的数量比例不再改变，如

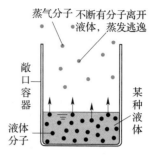

图 1—59　敞口容器里液体的汽化

图 1—61 所示。这种气液两种物态达到动态平衡的状态，称为"饱和状态"。

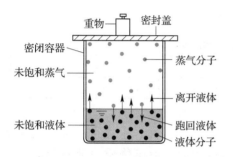

图 1—60　密闭容器中的某种液体尚未饱和

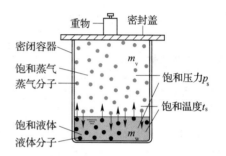

图 1—61　密闭容器中的某种液体达到饱和

1. 饱和蒸气与饱和液体

饱和蒸气是指处于饱和状态的蒸气。饱和液体是指处于饱和状态的液体。

在图 1—60 中，密闭容器上方的蒸气密度还较小，还有一些"空间"让下方因液体汽化脱离液面的分子来占据。这时容器上方的蒸气称为未饱和蒸气，下方的液体称为未饱和液体。

2. 饱和温度与饱和压力

饱和温度（常用 t_s 或 t_B 表示）是指饱和蒸气或饱和液体的温度。饱和压力（常用 p_s 或 p_B 表示）是指饱和蒸气或饱和液体的压力[①]。饱和温度与饱和压力的关系如下：

（1）同一种物质的饱和温度与饱和压力存在着一一对应的关系，即给定物质的某一饱和压力对应有确定的饱和温度；反之，给定物质的某一饱和温度，也对应有确定的饱和压力。例如，纯水在 1 标准大气压（饱和压力）下的饱和温度是 100 ℃，而纯水在 150 ℃（饱和温度）时所对应的饱和压力是 475.72 kPa。密闭容器中的任何液态物质在不同的饱和压力下汽化时的温度和热量具有一定的关系，如图 1—62 所示，给定物质的饱和温度与饱和压力一一对应。

（2）饱和压力随饱和温度的升高而增大，饱和温度随饱和压力的增大而升高。这是因为当处于饱和状态的液体温度升高时，液体中速率较大的分子增多了，相同时间内从液体表面跑出的分子也增多了，这样不但增大了饱和蒸气分子的速率，也增大了饱和蒸气的密度。因

---

① 这里忽略流体自重对压力的影响。

此，单位时间内蒸气分子撞击液面或器壁的次数增多了，撞击的作用力也增大了，所以饱和压力随饱和温度同步增减，如图1—63所示。

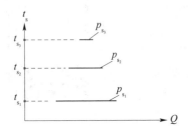

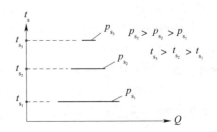

图1—62　给定物质的饱和压力
与饱和温度一一对应

图1—63　饱和压力随饱和温度同步增减

表1—6列出了水在不同饱和压力时的饱和温度。

表1—6　　　　　　　　水在不同饱和压力时的饱和温度

饱和压力（MPa）	0.005	0.05	0.1	0.2	0.3	0.4	0.5	1.0
饱和温度（℃）	32.90	81.35	99.63	120.23	133.54	143.62	151.85	179.88

注：这里给出的饱和压力为绝对压力。

（3）同一种物质在相同压力下，饱和温度等于其沸点。例如，水在1标准大气压下的饱和温度为100℃，它与1标准大气压下的水的沸点相同。液态物质只能在与其压力对应的饱和温度下才能沸腾汽化，因此，液态物质在某压力下的饱和温度就是它在该压力（饱和压力）下的沸点。同样，气态物质也只能在与其压力相对应的饱和温度下才能液化。所以说物质沸腾汽化或冷凝液化时，温度与压力的对应关系就是饱和温度与饱和压力的对应关系。

明确饱和压力与饱和温度的关系在制冷技术中是十分重要的，因为制冷剂在蒸发器管道中吸热汽化和在冷凝器中放热液化时，它们相应的温度与压力就是其饱和温度与饱和压力。

蒸发器是相变制冷法[①]中直接制取冷量的吸热部件。如图1—64所示，若蒸发压力较小，则蒸发温度较低，反之，蒸发压力较大，则蒸发温度较高。所以，控制蒸发压力是控制制冷温度的一个重要手段。

冷凝器是相变制冷法中液化制冷剂蒸气的放热部件。如图1—65所示，若冷凝温度提高

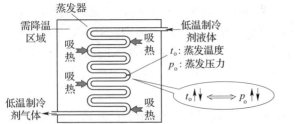

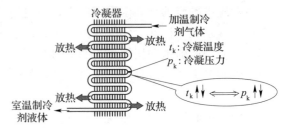

图1—64　蒸发温度随蒸发压力同步增减

图1—65　冷凝压力随冷凝温度同步增减

---

①　相变制冷法是目前应用最为广泛、效率最高、制冷能力最大的一种制冷方法，将在第二章中具体介绍。

（通常因环境温度升高引起），必然要求冷凝压力增大，否则制冷剂蒸气无法液化，不能实现制冷。但是，冷凝压力受压缩机的压缩系数等因素制约，不能随便增大。

必须指出，在密闭的空间里，饱和压力与其体积大小无关。可以这样去理解，当密闭空间容积增大时，将有更多的液体转变为气体，如图1—66所示；当容积缩小时，部分气体重新转变为液体，如图1—67所示。只要温度不变，饱和蒸气的密度不变，气体分子的平均运动速率也不变，因此饱和压力保持不变。

可见，不管一个密闭容器里有多少某种物质的液体，只要它处在饱和状态，其压力都只取决于温度。

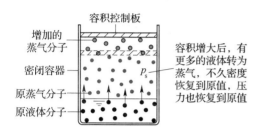

图1—66　密闭容器容积增大后饱和压力不变

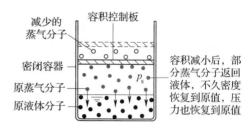

图1—67　密闭容器容积减小后饱和压力不变

二、过热与过冷

1. 干饱和蒸气

干饱和蒸气简称干蒸气，是指其间不夹杂饱和液体的饱和蒸气。作为饱和蒸气的一个特例，在干饱和蒸气所占据的空间里不夹杂一点饱和液体。虽然，饱和蒸气也不包括饱和液体在内，但其蒸气所占据的空间里可以夹杂饱和液体。如图1—61所示，密闭容器上部的蒸气可称为干饱和蒸气，而如图1—68所示的蒸发器管道中流动着的制冷剂就不能称为干饱和蒸气。

在实际制冷中，干饱和蒸气其实只是一个概念问题，它的存在时间非常短，如图1—69所示为蒸发器尾部与回气管前端制冷剂的热力状态。

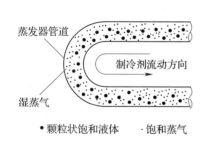

图1—68　蒸发器管道中流动着的制冷剂

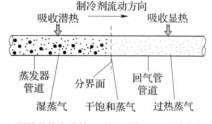

图1—69　蒸发器尾部与回气管前端制冷剂的热力状态

2. 过热、过热蒸气与过热度

如图1—70所示，若让干饱和蒸气在压力保持不变的条件下继续吸热，使其温度升高，这种现象称为过热，这时的气体称为过热蒸气，超过该饱和压力对应的饱和温度的差值称为过热度。在制冷技术中，过热是针对制冷剂蒸气而言的，即当制冷剂处于某一定压力下时，制冷剂蒸气的实际温度高于该压力下相对应的饱和温度的现象；同样，当温度一定时，压力低于该温度下相对应的饱和压力的蒸气也是过热。

可见，蒸气在某压力下的温度，若高于该压力下所对应的饱和温度，这样的蒸气就是过热蒸气，如图1—69所示流经回气管管道的制冷剂蒸气是过热蒸气的典型个例。

过热度通常用符号 Δt_H 表示，其大小为 $\Delta t_H = t_p - t_{p_s}$，式中的 t_p 表示在压力 p 下过热蒸气的温度，t_{p_s} 表示同压力 p 下该物质的饱和温度。

例如，1标准大气压下纯水的饱和温度是100 ℃，因此1标准大气压下120 ℃的水蒸气就是过热蒸气，它的过热度是20 ℃。如图1—71所示，在家用空调器中，规定制冷剂在蒸发器中沸腾汽化时的温度 $t_0 = 5$ ℃，压缩机的吸气温度 $t_1 = 15$ ℃，理论上假定压缩机的吸气压力与制冷剂在蒸发器中沸腾汽化时的压力相等，可见压缩机的吸气处于过热状态，吸气过热度为 $\Delta t_H = t_p - t_{p_s} = t_1 - t_0 = 15$ ℃ $- 5$ ℃ $= 10$ ℃。

另外，在电冰箱中，为了保证吸入压缩机的制冷剂回气中不含有液态成分从而造成对压缩机的损坏，总会采取回热[1]等措施让制冷剂回气升温过热，如图1—72所示。

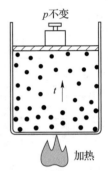

图1—70　干饱和蒸气定压吸热升温成为过热蒸气

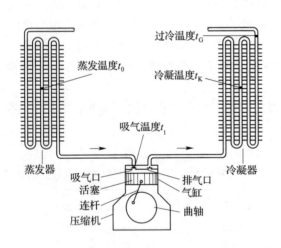

图1—71　家用空调器中的过热与过冷

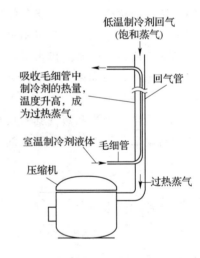

图1—72　电冰箱中过热与过冷的应用

3. 过冷、过冷液体和过冷度

如图1—73所示，若在饱和液体压力保持不变的条件下放热，使其温度降低，这种现象称为过冷，这时的液体称为过冷液体，低于该饱和压力对应的饱和温度的差值（绝对值）称为过冷度。

---

[1]　回热是一种有益双方的换热措施，将在第二章中介绍、分析。

可见，液体在某压力下的温度，若低于该压力下所对应的饱和温度，这样的液体就是过冷液体。

过冷度通常用符号 Δt_c 表示，其大小为 $\Delta t_c = t_{ps} - t_p$，式中的 t_p 表示过冷液体的温度，t_{ps} 表示同压力下该物质的饱和温度。例如，1 标准大气压下 60 ℃ 的纯水是过冷液体，它的过冷度是 40 ℃。再如，在空调器中，规定制冷剂在冷凝器中的冷凝温度 $t_k = 40$ ℃，过冷温度 $t_G = 35$ ℃，所以冷凝器出口制冷剂的过冷度为 $\Delta t_c = t_{ps} - t_p = t_k - t_G = 40$ ℃ $- 35$ ℃ $= 5$ ℃。

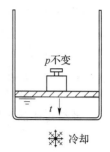

图 1—73 饱和液体定压放热降温成为过冷液体

三、湿蒸气及其干度

1. 湿蒸气

湿蒸气是指在饱和状态下，饱和蒸气与饱和液体的混合物。

如图 1—61 所示的静止状态下，物质的饱和蒸气与饱和液体各据上下空间，就这种情形来谈"湿蒸气"是没有意义的。但对于在制冷设备换热器管道中快速流动着的处于饱和状态的制冷剂来说却不一样，因为这时的饱和液体通常以微小颗粒状态存在，并与饱和蒸气相互夹杂在一起，如图 1—68 所示。此时的气液比例是一个较为重要的参数。

2. 湿蒸气的干度

湿蒸气的干度，即湿蒸气中饱和蒸气的含量，通常用下式表达：

$$X = \frac{m_v}{m_v + m_w} \tag{1—13}$$

式中：X 为湿蒸气的干度，m_v 为湿蒸气中饱和蒸气的质量，m_w 为湿蒸气中饱和液体的质量。

制冷设备中主要换热器的换热过程可以分别用图 1—74 和图 1—75 来简要表达。

如图 1—74 所示为蒸发器吸热过程示意图，在蒸发器中，制冷剂从 A 点（蒸发器进口）开始由干度为"0"的饱和液体定压定温吸热，逐渐汽化为饱和蒸气（湿蒸气），干度逐渐增

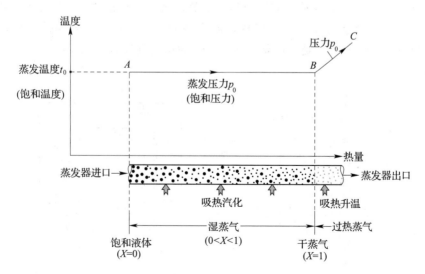

图 1—74 蒸发器吸热过程示意图

大，至 B 点变成干度为"1"的干饱和蒸气。继续定压吸热升温，至 C 点（蒸发器出口）成为过热蒸气。

如图 1—75 所示为冷凝器放热过程示意图，在冷凝器中，制冷剂从 D 点（冷凝器进口）开始由高温高压的过热蒸气定压放热降温，至 E 点变成干度为"1"的干饱和蒸气。然后定压定温放热，逐渐液化为饱和蒸气（湿蒸气），干度逐渐减小，至 F 点变成干度为"0"的饱和液体。继续定压放热降温，至 G 点（冷凝器出口）成为过冷液体。

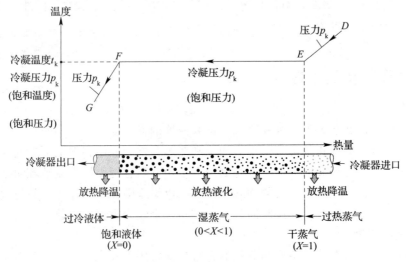

图 1—75　冷凝器放热过程示意图

四、临界状态

1. 气体的"不凝"现象

19 世纪上半叶，英国物理学家法拉第利用同时增大压力和降温的方法，把氯、氨和二氧化硫等气体变成了液体，如图 1—76 所示为常用的液化方法。同时代的科学家用同样的方法几乎液化了当时所了解的各种气体。但是，对氧、氢、一氧化碳、一氧化氮和甲烷等气体来说，即使把压力增大到 3 000 个大气压，温度降到－110 ℃，也未能使它们液化，如图 1—77 所示为一些气体的"不凝"现象。当时，以为这些气体是永久不会液化的，并把它们称为"永久气体"。

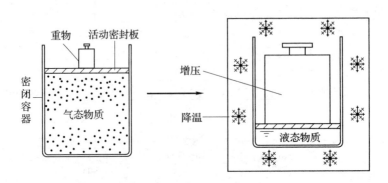

图 1—76　常用的液化方法

2. 临界状态及其应用

上述问题引起了俄国门捷列夫等科学家的注意，他们分别进行了这方面的研究，终于在 19 世纪 70 年代找到了答案。

如图 1—78 所示，从饱和压力与饱和温度的一一对应关系可知，气态物质的温度越高，要使它液化所需要的压力就越大。实验发现，当温度升高到一定数值后，即使加上再大的压力也不能使该物质由气态变为液态，如图 1—79 所示。把物质所处的这一特殊状态称为临界状态。反映这种状态的参数在坐标上的位置叫作临界点（通常用"C"表示），物质处在这个状态的温度和压力分别称为临界温度（t_c）和临界压力（p_c）。

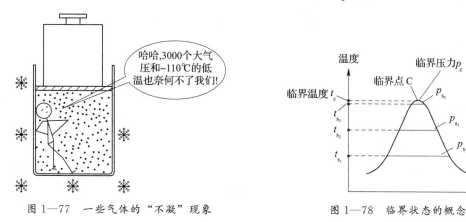

图 1—77 一些气体的"不凝"现象　　　　图 1—78 临界状态的概念

通常，临界温度以上的气态物质称为"气体"，而临界温度以下的气态物质称为"蒸气"。

显然，临界温度和临界压力分别是湿蒸气区域里的最高饱和温度和最高饱和压力，即：

$$t_s \leqslant t_c$$

$$p_s \leqslant p_c$$

在制冷剂选用和制冷系统设计时，需要应用临界状态的知识。要求制冷剂的临界温度远高于环境温度，以保证制冷剂不在临界点附近冷凝。这样一方面能用常温的空气或水来冷凝制冷剂蒸气，另一方面能保证制冷剂具有较大的汽化潜热，以提高制冷设备的经济性能，如图 1—80 所示，饱和温度越高汽化热越小。

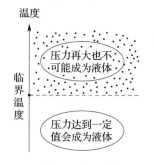

图 1—79 高于临界温度的气体不凝

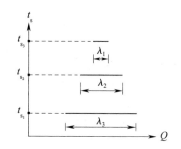

图 1—80 饱和温度越高汽化热越小

3. 常用制冷剂的临界参数

常用制冷剂的临界参数见表 1—7。

表 1—7 常用制冷剂的临界参数

物质名称	R134a	R600a	R290
饱和温度（℃）	101.10	135.92	96.74
饱和压力（kPa）	4066.60	3684.0	4251.2

§1—6 空气的湿度和露点

一、湿空气

地球约有 70% 的表面被江、河、湖、海等水面覆盖，水蒸气不断从水面蒸发，升至空中又不断凝结成云并以雨、雪等方式返回地球表面。所以，周围的空气里总含有水蒸气，这样的空气称为湿空气。湿空气是干空气①与水蒸气的混合物，简称空气。空气里所含的水蒸气越多，空气就越潮湿；所含的水蒸气越少，空气就越干燥，如图 1—81 所示。

空气的干湿程度对日常的生产、生活都有很大的影响。例如，若空气过于干燥，则土壤容易缺水、干裂，影响庄稼生长；纺织厂里的棉纱变脆，容易断线；人体水分流失较快，皮肤容易开裂。若空气过于潮湿，则收获的庄稼不易晒干，甚至会霉烂；工厂的棉纱容易变潮、发霉；人体皮肤黏湿，让人感觉极不舒服。可见，研究和调节空气的干湿程度极其必要。

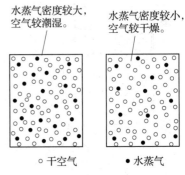

图 1—81 湿空气示意图

二、饱和空气

实际的空气里含有水蒸气，但在一定的温度下，一定量的空气只能容纳一定量的水蒸气，如图 1—82 所示。超过这一数值后，就会有相应量的水蒸气凝结为水，从空气中析出，如图 1—83 所示。

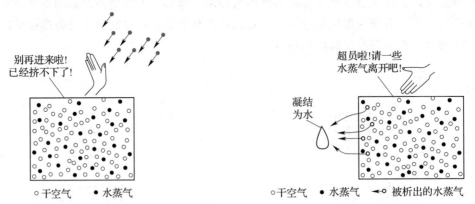

图 1—82 一定量的空气只能容纳一定量的水蒸气　　图 1—83 过多的水蒸气凝结为水并从空气中析出

---

① 干空气是氮、氧、氩、二氧化碳、氖、氦及其他一些微量气体所组成的混合气体。在自然状态下，干空气的各种组分的比例基本稳定，其中氮约占总体积的 78.084%，氧约占 20.947 60%，氩约占 0.934%，二氧化碳约占 0.031 4%，氖约占 0.001 818%，氦约占 0.000 524%。

　　某温度下，一定量的空气所含水蒸气量达到最大值时的湿空气称为饱和空气，对应的状态称为饱和状态[①]。饱和状态下空气的温度称为饱和温度，饱和状态下湿空气中水蒸气的分压力达到该温度所对应的饱和压力。表1—8为不同温度时湿空气中水蒸气的饱和分压力。

表1—8　　不同温度时湿空气中水蒸气的饱和分压力（不同温度下水的饱和蒸气压）

温度（℃）	压力（kPa）	温度（℃）	压力（kPa）	温度（℃）	压力（kPa）	温度（℃）	压力（kPa）
−15	0.192	3	0.758	21	2.486	39	6.990
−14	0.208	4	0.813	22	2.643	40	7.374
−13	0.225	5	0.872	23	2.809	41	7.777
−12	0.244	6	0.934	24	2.983	42	8.198
−11	0.265	7	1.001	25	3.167	43	8.638
−10	0.287	8	1.073	26	3.361	44	9.009
−9	0.311	9	1.148	27	3.564	45	9.582
−8	0.335	10	1.228	28	3.779	50	12.33
−7	0.363	11	1.312	29	4.004	60	19.91
−6	0.391	12	1.402	30	4.242	70	31.16
−5	0.421	13	1.497	31	4.992	80	47.33
−4	0.455	14	1.593	32	4.753	90	70.09
−3	0.489	15	1.705	33	5.032	100	101.3
−2	0.528	16	1.817	34	5.319	150	475.9
−1	0.568	17	1.937	35	5.623	200	1 554
0	0.611	18	2.064	36	5.940	250	3 975
1	0.657	19	2.197	37	6.274	300	8 589
2	0.705	20	2.338	38	6.625	350	16 530

三、绝对湿度

　　绝对湿度是指单位体积湿空气中所含水蒸气的质量，或者说绝对湿度是湿空气中水蒸气的密度。

$$\rho_v = \frac{m_v}{V} \qquad \left(或\ \rho_v = \frac{1}{v_v}\right)$$　　（1—14）

　　式中：ρ_v 为绝对湿度；v_v 为水蒸气的比容，即单位质量水蒸气的容积。

　　某温度下，空气达到饱和状态时，其水蒸气含量最大。因此，同温度下饱和空气的绝对湿度最大，为 ρ_{vs}。

　　现实情况表明，与许多有关湿度的现象直接相关的因素并不是空气的绝对湿度，如各种物品水分蒸发的速度、人或动物对湿度的感觉等，而是湿空气离饱和状态的远近。在同样的绝对湿度下，气温高时，湿空气离饱和状态就远，会觉得干燥；气温低时，湿空气离饱和状

---

　　① 这里所说的饱和状态是特指湿空气的，与前面学习的气液两相的饱和状态是不同的，接下来的"饱和温度""饱和压力"也类似，学习中请注意区别。

态就近，会觉得潮湿。所以，在研究空气的湿度时，只用绝对湿度是不够的，还要引入一个新的概念来表示湿空气离饱和状态的远近。

四、相对湿度

相对湿度是指湿空气中水蒸气的实际含量与同温度下湿空气中水蒸气的最大含量之比。

$$\varphi = \frac{\rho_v}{\rho_{vs}} \times 100\% \qquad \left(或\ \varphi = \frac{v_{vs}}{v_v} \times 100\%\right) \tag{1—15}$$

当 $\varphi = 100\%$ 时，湿空气达到饱和状态，为饱和空气；当 $\varphi = 0$ 时，表示该空气是完全不含水蒸气的干空气。显然，相对湿度越小，空气偏离饱和的程度越远、越干燥、吸湿能力越强；相反，相对湿度越大，空气越接近饱和、越潮湿、吸湿能力越弱。

人对相对湿度的要求与季节有关，夏季在 $40\% \sim 65\%$ 较舒适，而冬季则为 $40\% \sim 60\%$。

由于直接测定空气中水蒸气的密度或比容比较困难，而对水蒸气分压力的测定较为方便，所以通常不直接根据相对湿度的定义式对相对湿度进行测定，而是通过下列变通方法求得。

研究表明，干空气、湿空气中的水蒸气以及湿空气都可以视为理想气体[①]。

因此：
$$p_v v_v = RT \qquad p_{vs} v_{vs} = RT$$

故：
$$\varphi = \frac{v_{vs}}{v_v} \times 100\% = \frac{p_v/RT}{p_{vs}/RT} \times 100\% = \frac{p_v}{p_{vs}} \times 100\%$$

即：
$$\varphi = \frac{p_v}{p_{vs}} \times 100\%$$

上式表示，相对湿度可用水蒸气的分压力与同温度下水蒸气的饱和分压力之比求得。

空气的相对湿度可利用湿度计测定，常用的湿度计有露点湿度计、毛发湿度计、干湿球湿度计。

五、含湿量

湿空气在状态变化时，其中干空气的单位容积质量一般不改变。因此，为方便工程计算，常取 1 kg 干空气作为计算基准。

把在含有 1 kg 干空气的湿空气中所携带水蒸气的质量称为湿空气的含湿量，如下式表示：

$$d = \frac{m_v}{m_d} \times 1\,000 \qquad (单位\ g/kg) \tag{1—16}$$

式中：d 表示含湿量，m_v 表示一定容积中水蒸气的质量，m_d 表示一定容积中干空气的质量（与 m_v 同单位）。

由理想气体状态方程 $pV = mRT$ 得：$m = \frac{pV}{RT}$

---

① 理想气体可以说是指遵守下列方程式的气体：$pV = mRT$ 或 $pv = RT$，式中的 p、V、v、m 和 T 分别表示气体的压力、体积、比容、质量和热力学温度，而 R 则为取决于气体性质的常数。干空气的气体常数 $R_d = 287$ J/(kg·K)，水蒸气的气体常数 $R_v = 461$ J/(kg·K)。

故：$d=\dfrac{m_v}{m_d}\times1\,000=1\,000\times\dfrac{\dfrac{p_vV}{R_vT}}{\dfrac{p_dV}{R_dT}}=1\,000\times\dfrac{R_d}{R_v}\times\dfrac{p_v}{p_d}\approx1\,000\times\dfrac{287}{461}\times\dfrac{p_v}{p_d}\approx622\dfrac{p_v}{p_d}$

即：
$$d\approx622\dfrac{p_v}{p_d} \qquad\qquad (1-17)$$

通过简单变换，还可以求得含湿量与相对湿度的关系如下：
$$d\approx622\dfrac{\varphi p_{vs}}{B-\varphi p_{vs}} \qquad\qquad (1-18)$$

式中：B 表示当地当时大气压力。

例题① 设某地区白天的气温是 10 ℃，空气的相对湿度是 60%。天气预报称夜里的气温要降到 2 ℃，试分析该地区夜里是否会出现露水。

分析： 求解该题的首要问题是找出过程初（白天）终（夜里）具有明确关系的共同参数，其次是要根据目前所有的已知条件（包括可求得的量、常数和能决定答案的量），找出它们与上述参数之间的数学表达式，最后建立数学方程式，求解得出结论。

题目中有一个参数含湿量 d，白天和夜里可认为不变，即 $d_1=d_2$。可以选用已知条件与含湿量之间的关系式：$d\approx622\dfrac{\varphi p_{vs}}{B-\varphi p_{vs}}$。建立方程式后求解出夜里的相对湿度 φ_2，如果大于 100%，则会出现露水。

解： 已知 $\varphi_1=60\%$。查附录 1 得 10 ℃时湿空气中水蒸气的饱和分压力 $p_{vs1}=1\,225$ Pa；2 ℃时湿空气中水蒸气的饱和分压力 $p_{vs2}=704$ Pa。假设大气压力恒定：$B=101\,300$ Pa。

根据题意：$d_1=d_2$

由 $d\approx622\dfrac{\varphi p_{vs}}{B-\varphi p_{vs}}$　　得：$622\dfrac{\varphi_1 p_{vs1}}{B-\varphi_1 p_{vs1}}=622\dfrac{\varphi_2 p_{vs2}}{B-\varphi_2 p_{vs2}}$

将有关数据代入上式，最终得 $\varphi_2\approx106\%$。

由此可以判定该地区夜里会出现露水。

六、露点

湿空气容纳水蒸气的限度与温度有关，温度越高，空气能容纳的水蒸气越多，如图 1—84 所示。因此，在保持空气中水蒸气含湿量不变的情况下，降低温度时，空气将逐渐接近饱和。当温度降低到某一数值时，空气将达到饱和，此后若继续降温，便会有相应部分的水蒸气凝结为露水并从湿空气中析出。湿空气达到饱和时的温度称为露点温度，简称露点，用 t_{dew} 表示。通俗一点说，露点即空气开始结露的温度。物体表面温度高于露点温度就不会结露，低于露点温度就会结露。湿度越高，露点温度与空气温差越小。例如，在 1 标准大气压下，空气温度为 30 ℃，相对湿度为 60%时，露点温度为 20.9 ℃，但相对湿度为 90%时，露点温度为 28.1 ℃。

从上面的分析可知，露点与含湿量之间有着一一对应的关系，空气中的含湿量越大，露

---

① 本例题仅为如何利用理论知识来解决实际问题提供一个范例，并不要求学生掌握。是否采用，教学中可根据实际情况灵活选择。

点越高，如图 1—85 所示。

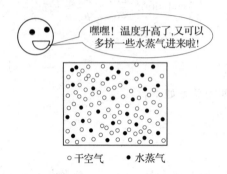

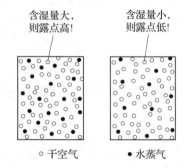

图 1—84　温度越高，空气能容纳的水蒸气越多　　　　图 1—85　空气中的含湿量越大，露点越高

　　从上面的分析还可知，空气温度达到露点时，它就处于饱和状态，此时空气的相对湿度为 100%。

　　在空气调节中，露点是一个很重要的参数。当物体的表面温度达到或低于相应含湿量所对应的露点时，与物体接触的空气就会在物体的表面上结露，析出冷凝水，使空气的含湿量降低。空调器在制冷的同时还能除湿，就是这个道理。

§1—7　热力学基本定律

一、热力学第一定律

　　热力学第一定律是普遍适用的能量守恒与转化定律[①]在一切涉及热现象的宏观过程中的具体表现。

　　如图 1—86 所示，设有一热力学系统[②]在某热力过程中从外界吸收了热量 Q，外界对它做了功 W，系统自身内能变化了 ΔU。则根据能量转化与守恒定律有：$\Delta U = W + Q$。

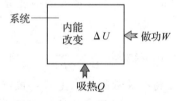

图 1—86　系统能量守恒示意图

　　热力学第一定律将上述现象总结如下：无论何种热力过程，在机械能与热能转换或转移的过程中，总的能量保持不变。

二、焓

　　焓是热力学中表征物质系统能量的一个重要状态参量（复合状态参数），它是系统工质的内能与体积压力积之和，即：

$$h = U + pV \tag{1—19}$$

　　式中：h 为系统在某状态的焓，U 为系统在某状态的内能，p 为系统在某状态的压力，

---

　　① 热力学第一定律指出：自然界一切物质都具有能量，能量有各种不同的形式，能够从一种形式转化为另一种形式，从一个物体传递给另一个物体，在转化和传递中能量的数量不变。

　　② 热力学所研究的由大量粒子组成的宏观客体称为热力学系统，简称系统。

V 为系统在某状态的体积。

焓最重要的特性是，在压力保持不变的过程中，系统吸收的热量等于系统焓的增加量，即：

$$Q_p = \Delta h \tag{1—20}$$

焓的物理意义虽然不是很明显，但它的引入简化了热力和制冷工程的计算。在制冷循环中，可以用制冷剂从一种状态到另一种状态时焓值的变化量直接得到热交换量或功耗的多少。为了便于计算，通常将 0 ℃的制冷剂饱和液体的焓计为 200 kJ/kg 或 500 kJ/kg，并将其作为参照基准。

关于焓的具体应用将在第四章中做更多介绍。

三、热力学第二定律

热力学第一定律揭示了能量守恒定律的普遍性，但自然界里还存在着这样一类规律：它并不违反能量守恒定律，却不可能自然地发生。如在高处的水和低处的水之间，水只会从高处流向低处，而不可能从低处流向高处，除非采取抽吸措施，如图 1—87 所示。热量也有类似的情况，要想低温物体的热量传给高温物体，就得付出代价，如图 1—88 所示。热力学第二定律反映了这类过程进行方向的规律。

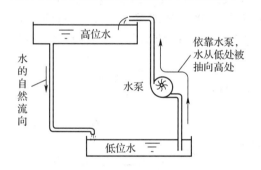

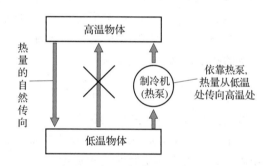

图 1—87　水的自发流向与非自发流向　　　　图 1—88　热的自发流向与非自发流向

19 世纪初，蒸汽机已在西方国家的工业中得到了广泛应用，因此，提高热机效率问题成为当时生产中的重要课题，很多人为此付出了努力。研究发现，在提高热机效率过程中的大量事实说明，在任何情况下热机不可能只用一个热源，并将从中吸收的热量全部变成有用的机械功，如图 1—89 所示。热机要不断地把吸取的热量变为有用的功，就不可避免地将一部分热量传给低温热源，如图 1—90 所示。

关于热力学第二定律，克劳修斯表述为，热量自发地从低温物体向高温物体传递而不引起任何其他影响是不可能的。开尔文表述为，从单一热源吸收的热量在循环过程中全都转变为功，而不引起任何其他影响是不可能的。

必须指出，根据不同的对象，热力学第二定律有多种表述，但各种表述在本质上是一致的。通俗一点的说法是：热不可能自发地、不付任何代价地从低温物体传向高温物体或非自发过程的实现必须付出代价。

制冷的本质是要把热量从温度较低处转移到温度较高处，使低温更低、高温更高。这一过程是不会自发地进行的，它必须消耗外界提供的能量才能实现。

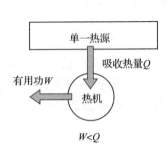

图1—89 不可能把所有的热量
都转化为有用功

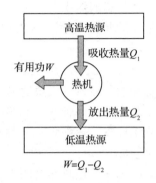

图1—90 热机总要把一部分
热量传给低温热源

四、熵

熵是一个非常隐涩的参数，难以给它下一个简单而明了的定义。

热力学第二定律反映了有关过程进行方向的规律，它指出了一切与热现象有关的实际宏观过程都是不可逆的[1]。可见热力学系统所进行的不可逆过程的初态与终态之间有着重大的差别，为此引入了一个新的状态函数——熵，来明确各状态之间的这种差别，并用各状态的熵数作为在一定条件下确定过程进行方向的标志，如图1—91所示。

熵的数学定义（定量定义）：

$$S = \int \frac{dQ}{T} \tag{1—21}$$

即熵为热量与温度的商的积分。

式中：S 为熵，Q 为物质所吸收或放出的热量，T 为物质吸收或放出热量时的绝对温度。

可以证明，一个孤立系统[2]的熵永不减少，绝热可逆过程的熵不会变，不可逆过程的熵会增加。

熵的单位是 kJ/（kg·K）。在制冷工程中，为方便

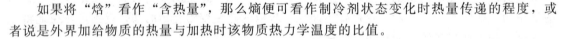

图1—91 状态函数熵的引入

计算，通常将 0 ℃的制冷剂饱和液体的熵计为 1 kJ/（kg·K），并将其作为参照基准。

如果将"焓"看作"含热量"，那么熵便可看作制冷剂状态变化时热量传递的程度，或者说是外界加给物质的热量与加热时该物质热力学温度的比值。

五、压焓图与温熵图

在制冷循环的分析和计算中，通常要用到两种工具，即压焓图和温熵图。

1. 压焓图

压焓图以绝对压力（MPa）为纵坐标，以焓值（kJ/kg）为横坐标，如图1—92所示。

---

[1] 系统在两个状态之间变化时，如果只有一个过程的方向是自发的，那这种过程是不可逆的，它的复原需要借助外界的作用。

[2] 孤立系统是指与外界无任何质量交换和能量交换的系统。

为了提高低压区域的精度，通常纵坐标取对数坐标。所以，压焓图又称为 $\lg p - h$ 图。

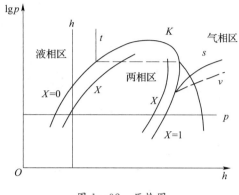

图 1—92　压焓图

压焓图可以用一点（临界点）、三区（液相区、两相区、气相区）、五态（过冷液体状态、饱和液体状态、饱和蒸气状态、过热蒸气状态、湿蒸气状态）和八线（定压线、定焓线、饱和液线、饱和蒸气线、定干度线、定熵线、定比体积线、定温线）来概括。

如图 1—92 所示，临界点 K 的左包络线为饱和液体线，线上任意一点代表一个饱和液体状态，对应的干度 $X=0$；临界点 K 的右包络线为饱和蒸气线，线上任意一点代表一个饱和蒸气状态，对应的干度 $X=1$。饱和液体线和饱和蒸气线将整个区域分为三个区：饱和液体线左边的是液相区，该区的液体称为过冷液体；饱和蒸气线右边的是气相区，该区的蒸气称为过热蒸气；由饱和液体线和饱和气体线包围的区域为两相区，制冷剂在该区域内处于湿蒸气状态。

定压线即为水平线，定焓线即为垂直线；定温线在液相区几乎为垂直线，两相区内是水平线，在气相区为向右下方弯曲的倾斜线；定熵线为向右上方弯曲的倾斜线；定比体积线为向右上方弯曲的倾斜线，比定熵线平坦；定干度线只存在于两相区，其方向大致与饱和液体线或饱和蒸气线相近，视干度大小而定。

2. 温熵图

温熵图以温度（K）为纵坐标，以熵（kJ/kg·K）为横坐标，如图 1—93 所示。温熵图又称为 $T-S$ 图。温熵图同样可以用一点（临界点）、三区（液相区、两相区、气相区）、五态（过冷液体状态、饱和液体状态、饱和蒸气状态、过热蒸气状态、湿蒸气状态）和八线

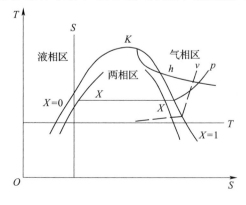

图 1—93　温熵图

（定压线、定焓线、饱和液线、饱和蒸气线、定干度线、定熵线、定比体积线、定温线）来概括。

　　如图 1—93 所示，临界点 K 的左包络线为饱和液体线，线上任意一点代表一个饱和液体状态，对应的干度 $X=0$；临界点 K 的右包络线为饱和蒸气线，线上任意一点代表一个饱和蒸气状态，对应的干度 $X=1$。饱和液体线和饱和蒸气线将整个区域分为三个区：饱和液体线左边的是液相区，该区的液体称为过冷液体；饱和蒸气线右边的是气相区，该区的蒸气称为过热蒸气；由饱和液体线和饱和气体线包围的区域为两相区，制冷剂在该区域内处于湿蒸气状态。

　　定温线即为水平线，定熵线即为垂直线；定压线在液相区密集于饱和液体线附近，近似可用饱和液体线来代替；定压线在两相区内是水平线，在气相区为向右上方弯曲的倾斜线；定焓线在液相区可以近似用同温度下饱和液体的焓值来代替，在气相区和两相区，定焓线均为向右下方弯曲的倾斜线，但在两相区内曲线的斜率更大；定比体积线为向右上方弯曲的倾斜线；定干度线只存在于两相区，其方向大致与饱和液体线或饱和蒸气线相近，视干度大小而定。

第二章 制冷概述

§2—1 制冷的概念、分类和应用

一、制冷的概念

电冰箱、空调器、制冰机、冷冻机等都是制冷设备，它们能持续地吸收某特定区域的热量并把这些热量送到自然环境中释放掉，使得特定区域的温度保持在较低数值，如图2—1所示为制冷概念示意图。

用专业术语来讲，制冷即为"人工制冷"，是指用人为的方法不断地从被冷却系统（特定的物体或区域）吸取热量，并把吸取的热量排放给环境介质（通常为大气），从而使被冷却系统达到比周围环境更低的温度，且能在比较长的时间里维持所需要的低温的一门工程技术。

应该指出，不是所有能使物体温度降低的做法都能称为制冷。如数百年前，一些国家的王宫会在冬天里，将许多大冰块储存在保温性能极好的冰库中，而

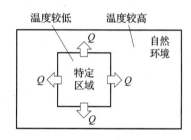

图2—1 制冷概念示意图

在夏天炎热时将其取出作为防暑降温之用，这种降温是利用温度更低的物体靠自发地吸收高温物体传向低温物体的热量来实现的，它不属于制冷的范畴。

二、制冷的分类

可以根据取得的低温范围将制冷划分为以下3类。

1. 普通制冷

简称普冷，取得的温度在稍低于环境温度到−153.15 ℃之间，这类制冷常用于一般的生产和日常生活。

2. 深度制冷

简称深冷，取得的温度在−253.15～−153.15 ℃之间，这类制冷常用于气体的液化和分离等。

3. 低温和超低温技术

取得的温度在−273.15（绝对零度）～−253.15 ℃之间，这类制冷多用于超导等现代尖端科技和军事领域。

必须指出，上述三类制冷的划分在温度上并无严格界限。

三、制冷的应用

随着制冷技术的不断提高，设备成本不断降低，制冷技术已被广泛地应用到社会各个领域。下面简要介绍制冷技术的常见应用实例。

1. 物品的冷冻和冷藏

为了防止鱼肉、禽蛋、蔬菜、水果、粮食以及名贵皮毛、服装等物品变质，常使用冰箱、冷柜、冷库、冷藏车（船）对物品进行冷冻或冷藏。

2. 食品工业生产

酿酒、饮料、乳制品等食品的加工、装瓶、储存都需要低温环境。例如在啤酒的生产中，发酵应在8~12℃进行，散装啤酒的储存和灌装要在制冷室中进行；冰激凌的混合料要冷却到6℃才能进入冻结器，并在−5℃下变稠后流入容器，然后在低于其冻结温度下储存；速溶咖啡要采用冷冻干燥工艺进行生产。

3. 化学工业生产

在石油化工、有机合成、化学制品、造纸等工业生产环节，如液化、冷凝、凝固、分离、精炼、结晶、浓缩、提纯以及控制反应等过程的温度都要用到制冷技术。

4. 农业生产

耐寒品种的培育、良种精卵的保存、微生物除虫、人造雨雪等都需要制冷技术。

5. 建筑工程

建筑工程中也有许多方面需要用到制冷技术，例如，用冻结土壤的办法以利挖掘；用冷却巨型混凝土块的办法，以除去混凝土固化时释放的化学能，从而避免热膨胀和混凝土应力的产生等。

6. 医疗卫生

医务人员利用制冷技术对病人进行低温手术、低温麻醉，在低温条件下保存血液、人体干细胞、人体器官和其他药品等。

7. 气体的液化

液态氧、氢、氮、氦是医疗、国防等诸多领域需要的特殊物质，这些物质的获得通常只能采用在加高压的同时冷冻空气的办法将它们分离出并保存起来。

8. 其他方面

超导的研究和开发、高真空的获得、半导体激光、红外线探测等需要用到深度制冷，甚至是低温和超低温技术。

§2—2　制冷的方法及基本原理

我们都有过这样的体会，在打针时被涂上酒精的皮肤处有明显冷的感觉，这是为什么呢？原来酒精在常温下很容易汽化，在汽化过程中酒精分子之间的距离会增大许多，因此分子势能也要增大许多，而酒精分子通常以吸热的方式从周围获得这些能量。可见液体在汽化时，应分子间距增大、分子势能增加的需要，必须吸收热量，使周围环境温度下降。

利用液态物质汽化获取低温的方法称为相变制冷，俗称液体汽化法制冷。根据实现制冷的手段不同，液体汽化法制冷又可分为蒸气压缩式、吸收式和蒸气喷射式3种，其中蒸气压缩式制冷是目前应用最普遍、制冷效率最高（一般情况下）的一种制冷方法。

一、蒸气压缩式制冷循环

1. 蒸气压缩式制冷系统的组成

在上述酒精的实例中，作为关键物质的酒精汽化后就成了"废气"挥发了，实际的制冷设备是不可能如此浪费这些制冷介质的，它要求将已经汽化了的"废气"不间断地回收、处理，将其还原成液体状态并循环利用。这样就可以用少量、有限的制冷介质（制冷技术中称为制冷剂），循环地吸收热量。因此，蒸气压缩式制冷装置中有许多部件是用来处理"废气"的，这些部件与其他部件一起组成一个密闭空间，使制冷剂得到循环利用，这个空间称为制冷系统。

在蒸气压缩式制冷循环中，为保证制冷效果和制冷剂的循环利用，制冷系统必须包含蒸发器、压缩机、冷凝器和节流元件4个基本部件，如图2—2所示为蒸气压缩式制冷系统组成图。

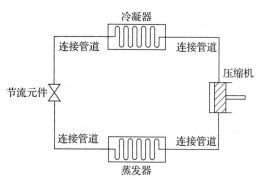

图 2—2　蒸气压缩式制冷系统组成图

2. 蒸气压缩式制冷的工作原理

如图2—3所示为蒸气压缩式制冷循环示意图，在蒸气压缩式制冷中，蒸发器用于制冷剂的汽化吸热，而压缩机、冷凝器和节流元件则用来处理"废气"，具体工作原理如下：

（1）制冷剂汽化吸热

如图2—3所示，蒸发器通常制成"蛇形"管道。当高压液态制冷剂从节流元件的小孔"挤过"时压力下降，进入蒸发器管道后沿程沸腾汽化，吸收蒸发器周围介质的热量，使该特定区域的温度下降，至蒸发器出口处，制冷剂已完全成为低压气体，如图2—4所示为蒸发器中制冷剂热力状态变化示意图。

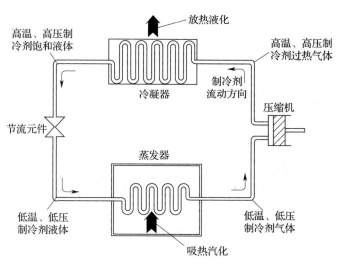

图 2—3　蒸气压缩式制冷循环示意图

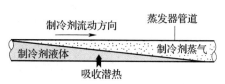

图 2—4　蒸发器中制冷剂热力
状态变化示意图

（2）压缩机、冷凝器和节流元件处理"废气"过程

1）回收加压。通过第一章的学习可以知道，临界温度以下的所有物质蒸气，在加压时会液化。基于这个道理，首先利用制冷压缩机将吸热汽化后的低压制冷剂蒸气吸入压缩机气缸并进行压缩，将其压力提高到能在常温下冷凝液化的数值。压缩后的制冷剂成为高温、高压的制冷剂蒸气。

2）放热冷凝。如图 2—3 所示，压缩机将高温、高压的制冷剂蒸气排入冷凝器管道。由于制冷剂与冷凝器周围环境存在内外温差，流经管道的高温制冷剂蒸气沿程逐渐将在蒸发器周围吸收的热量及压缩机对它压缩做功而转化来的热量一同释放到冷凝器周围的环境中去，同时液化，至冷凝器的出口处，制冷剂已完全冷凝为液体，如图 2—5 所示为冷凝器中制冷剂热力状态变化示意图。

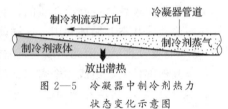

图 2—5　冷凝器中制冷剂热力状态变化示意图

3）节流降压。从冷凝器排出的制冷剂液体的压力较高，如果直接把它送入蒸发器汽化，则由于它的压力较高，对应的汽化温度也较高。这样，一方面因蒸发温度太高，没有足够的温差来吸收要被冷却区域的热量，另一方面也不能达到要求的低温。为此，必须在冷凝器与蒸发器之间增加一个节流元件，使制冷剂压力降低到适当的数值。

制冷设备是用节流元件来实现节流降压的，节流元件的基本原理如图 2—6 所示，它在通道某处的流通截面积急速变小。当流体经过该处时，会受到较大的流动阻力，待流出狭道时，压力显著下降，同时伴随着温度下降。

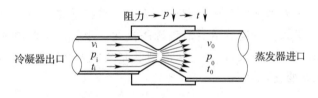

图 2—6　节流元件的基本原理

可见，经制冷压缩机的回收压缩、冷凝器的放热液化和节流元件的降压、降温，从蒸发器出来的制冷剂"废气"又还原成了制冷剂液体，可以再送入蒸发器去低温沸腾汽化，从而进一步吸收蒸发器周围的热量，使被冷却区域介质的温度进一步下降。制冷剂就这样通过不断地在特定区域吸热，然后将热量排放到自然环境中，使要冷却区域的温度逐步达到要求。

关于蒸气压缩式制冷循环的详细过程将在第四章和第五章进行讲解。

3. 蒸气压缩式制冷的实质

通过上述对蒸气压缩式制冷的分析，可知蒸气压缩式制冷实际上就是在外界（压缩机）的帮助下，依靠流体（制冷剂）在适当条件下能吸收、携带、释放热能的特性，把热能从低温处转移到高温处的过程，如图 2—7 所示为制冷中的能量转移、转化示意图。

通过对后面其他制冷方法的介绍还可以看到，各种制冷方式虽然在方法上有着明显的差别，但其实质是相同的，即都是在外力的帮助下，将热能从一处不断地转移到另一处，这个过程的实现必须消耗外界的功。由此可以认为制冷设备就像一辆热量运载工具，它在指定的区域里"装载"吸取的热量，然后将其运送到自然环境中"卸载"释放。

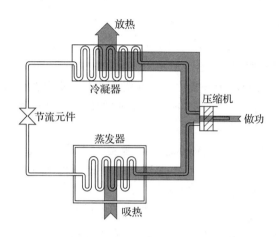

图 2—7 制冷中的能量转移、转化示意图

二、吸收式制冷循环

吸收式制冷循环也是一种利用液态物质汽化获取低温的相变制冷，与蒸气压缩式制冷不同的是，它是以热能为主要动力来实现制冷循环的。

1. 吸收式制冷系统的组成

吸收式制冷系统的组成如图 2—8 所示，从图中可以看到它也由蒸发器、冷凝器和节流元件等组成。与蒸气压缩式制冷系统组成不同的是，压缩机被吸收器、溶液泵、发生器和调压阀等取代，它们的作用与压缩机类似，故被称为"热化学压缩机"。

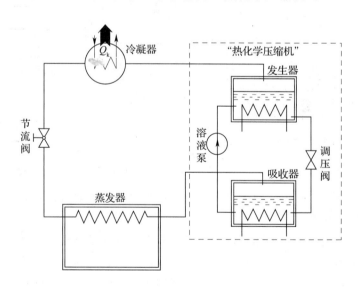

图 2—8 吸收式制冷系统的组成

2. 吸收式制冷的工作原理

从图 2—8 可见，吸收式制冷循环也包括高温制冷剂蒸气的放热冷凝过程、高压制冷剂液体的节流降压过程和低压制冷剂液体的吸热汽化过程，这些过程与蒸气压缩式制冷循环过

程类似。但是，制冷剂回气的增压过程与蒸气压缩式制冷循环不同，而是在吸收式制冷中依靠"发生器—吸收器组"来完成的。下面简要介绍"发生器—吸收器组"的工作原理。

吸收式制冷以两种沸点相差很大的物质组成的二元溶液作为工作物质（以下简称工质），其中沸点较低的物质在温度较低时容易被沸点较高的物质吸收而成为混合溶液，而在温度较高时又很容易汽化并从混合溶液中分离出来。在吸收式制冷循环的二元工质中，沸点较低的作为制冷剂，沸点较高的作为吸收剂。因此，将这种工质称为制冷剂—吸收剂工质对，简称工质对。

如图2—9所示为吸收式制冷循环示意图，来自发生器的高温、高压吸收剂液体经调压阀降压后进入吸收器，在冷却水的作用下降温后强烈地吸收来自蒸发器的低温、低压制冷剂蒸气，从而形成制冷剂—吸收剂混合溶液。

混合溶液在溶液泵的作用下输送到发生器中，经工作蒸气的加热，其中沸点较低的制冷剂大量汽化并与吸收剂分离，从而形成高压制冷剂过热蒸气。

高温、高压制冷剂蒸气从发生器排入冷凝器进行冷凝液化，再经节流阀节流降压，最后重新送入蒸发器汽化吸热，这样就完成了一个工作循环。

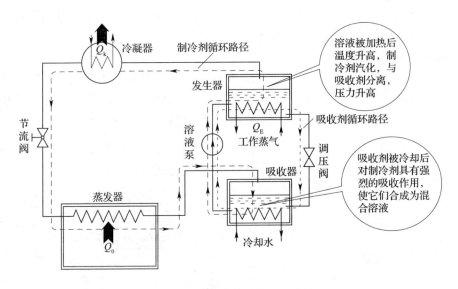

图2—9　吸收式制冷循环示意图

由上述分析可见，吸收器、溶液泵和发生器相当于一台压缩机，它们使制冷剂蒸气完成由低压到高压的状态转变。

为使工质对中的吸收剂也能循环使用，发生器中制冷剂吸热汽化后，留下的吸收剂溶液经调压器节流减压降温后重新返回吸收器，并可以再次吸收低温、低压的制冷剂蒸气。

可见，吸收式制冷中有吸收剂循环和制冷剂循环两个循环，其中的吸收剂循环是为制冷剂循环服务的，两个循环缺一不可。

吸收式制冷是通过工质对在发生器中吸收外界热源提供的热能作为补偿来实现制冷的。它可综合利用其他设备排放的温度在75℃以上的热水、低压蒸气、烟道气中的余热、地热和太阳能等低品位热能，十分节能。

目前，溴化锂—水吸收式制冷机组被广泛应用于大中型空调器中。关于溴化锂—水吸收式制冷机及其他常见的吸收式制冷机将在第六章进行详细介绍。

三、蒸汽喷射式制冷循环

蒸汽喷射式制冷循环是一种以高压蒸汽为动力的相变制冷，它是用水作为制冷剂在低压下汽化吸热制冷的。

1. 蒸汽喷射式制冷系统的组成

如图 2—10 所示，蒸汽喷射式制冷系统主要由锅炉、蒸汽喷射器、冷凝器、凝结水泵、蒸发器等组成。

（1）锅炉

锅炉是蒸汽喷射式制冷的动力设备，它消耗热能并产生压力为 0.198～0.98 MPa 的工作蒸汽。蒸汽喷射式制冷也可以用工业废气作为动力源，以节约能源。

（2）蒸汽喷射器

蒸汽喷射器的结构及工作原理如图 2—11 所示，它主要由喷管、混合室和扩压管等组成。蒸汽喷射器在循环中犹如一台压缩机，其工作过程包括 3 个阶段：工作蒸汽从喷管高速喷出时造成周围环境压力下降，以起到引射制冷剂蒸汽的作用，制冷剂蒸汽被吸入；制冷剂蒸汽与从喷管喷出的工作蒸汽在混合室混合、换热；混合蒸汽在扩压室被压缩。

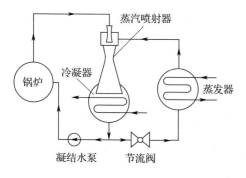

图 2—10 蒸汽喷射式制冷
系统的组成

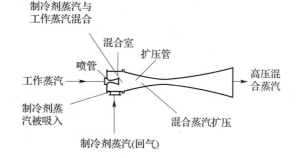

图 2—11 蒸汽喷射器的结构及工作原理

（3）冷凝器

冷凝器的作用是将高温、高压的混合蒸汽冷凝为液态水。

（4）凝结水泵

凝结水泵的作用是将来自冷凝器的部分凝结水送回锅炉，以补足因蒸汽工作流失的水分。

（5）蒸发器

在喷射式制冷系统中，蒸发器一般采用喷淋式热交换器，进入蒸发器的凝结水经喷淋装置喷淋、降压而雾化成小水滴，吸热汽化。

2. 蒸汽喷射式制冷的工作原理

如图 2—12 所示为蒸汽喷射式制冷循环示意图，在蒸汽喷射式制冷系统中，同时有两个蒸汽循环，一个是制冷剂蒸汽循环，另一个是补偿制冷循环所需要能量的工作蒸汽循环，具体过程如下：

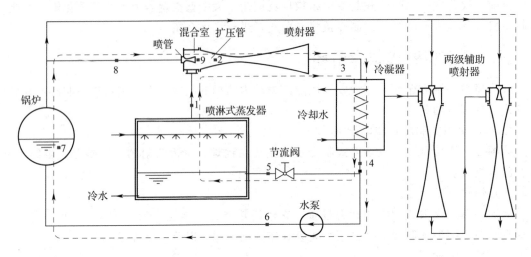

图 2—12　蒸汽喷射式制冷循环示意图

7—8：锅炉中的水被加热后沸腾汽化，产生高压工作蒸汽。

8—9：高压工作蒸汽进入喷管后降压、增速，造成混合室具有一定的真空度，使与混合室相连的蒸发器获得水在低温下沸腾汽化所需的低压，并使混合室对蒸发器产生的低压蒸汽具有引射抽吸作用。

1—9：蒸发器中的水沸腾汽化时产生的低压制冷剂蒸汽被引射吸入混合室。

9—2：从喷管中射出的低压高速（速度可达 1 000～1 200 m/s）工作蒸汽与被吸入的低压制冷剂蒸汽在混合室均匀混合。

2—3：在混合室中的高速混合蒸汽进入扩压管后，因流道截面减小，在速度大幅下降的同时压力大幅提高，使混合蒸汽的压力升至在常温下能被冷凝液化所需的压力。

3—4：混合蒸汽进入冷凝器放热液化，变为饱和水。

4—5：一部分饱和水经节流阀减压降温后返回蒸发器，作为制冷剂继续循环。

4—6：另一部分饱和水经水泵升压后送回锅炉，补充水分。

6—7：送回锅炉的水在锅炉中加热，再次成为工作蒸汽。

图 2—12 中两级辅助喷射器可以保证冷凝器有足够的冷凝温度。

3. 影响蒸汽喷射式制冷循环的主要因素

（1）混合蒸汽背压特性变化对循环的影响

当实际冷凝压力小于等于设计背压（主喷射器扩压后混合蒸汽的压力俗称背压）时，循环能按设计的制冷剂流量和制冷量稳定工作。当实际冷凝压力大于设计背压时，将导致制冷剂流量减少，制冷量下降。当实际冷凝压力大于极限背压时，主喷射器会完全失去引射作用，制冷机停止工作。

（2）工作蒸汽特性变化对循环的影响

当蒸发温度不变时，若工作蒸汽压力降低，则会使工作蒸汽流量减少，不但因引射能力下降会使循环制冷量下降，还会因背压下降，引起循环进入不正常工作区。若工作蒸汽压力升高，则会增加冷凝器的热负荷。

（3）蒸发温度变化对循环的影响

蒸发温度的升高,会使蒸发压力升高。在其他参数不变的前提下,能使被引射的蒸汽量增加,从而使制冷量增大。通常情况下,蒸发温度每升高 1 ℃,制冷量可增加 7%～10%。所以,为使蒸汽喷射式制冷机高效运行,在满足生产工艺或人体舒适度要求的前提下,应尽可能设定蒸发温度在较高的数值上。

4. 蒸汽喷射式制冷的特点

(1) 制冷设备结构简单,成本低廉。

(2) 没有运动部件,运行可靠,操作简单,维修方便。

(3) 循环耗电量少,能节约能源。

(4) 用水作为制冷剂,价廉易得,化学性质稳定,无毒、无臭、无燃烧爆炸危险,汽化潜热大。

(5) 工作蒸汽消耗量大,制冷循环效率较低。

四、空气压缩式制冷循环

空气压缩式制冷也称气体膨胀法制冷,是利用气体膨胀时会减压降温来获取低温的。

1. 空气压缩式制冷系统的组成

如图 2—13 所示,空气压缩式制冷系统主要由空气压缩机、冷却器、膨胀机、吸热器等组成。

(1) 空气压缩机

与蒸气压缩式制冷类似,空气压缩机在空气压缩式制冷系统中,通过消耗外界机械功来压缩制冷剂——空气,并提供制冷循环的动力。

(2) 冷却器

冷却器是空气压缩式制冷系统中向高温热源放热的换热设备,与蒸气压缩式制冷中有所区别的是,制冷剂在冷却器中不发生相变,而只向冷却介质放出显热。

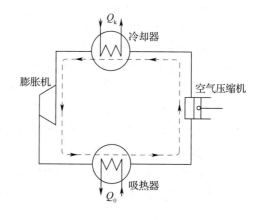

图 2—13　空气压缩式制冷系统的组成

(3) 膨胀机

膨胀机是用来使空气压缩式制冷循环中的制冷剂(空气)降压并产生所需低温气流的设备,它比使用节流器件能获得更低的温降。

膨胀机有速度型和体积型两类,主要有涡轮冷却器、活塞式空气膨胀机等。现在还成功研制出了回转式膨胀—压缩机,它将膨胀与压缩两个热力过程集于一体,这样既简化了系统,又能最大程度地回收膨胀功。

(4) 吸热器

吸热器是空气压缩式制冷循环中制冷剂从低温热源吸收热量的热交换器,在吸热过程中,制冷剂同样不发生相变。

2. 空气压缩式制冷原理

为了说明气体膨胀法制冷的原理,先来看下面两个实验现象。

用气筒给自行车轮胎打气的时候,会发现气筒壁的温度升高。这说明气体加压后温度会升高。气体减压后，温度是否会降低呢？实验的结果完全证实了这种想法。

当气体流经孔板或阀门时，由于流道截面突然缩小，流动阻力增大，节流后的气体在减压的同时降温，产生了制冷效应。

3. 影响空气压缩式制冷循环的主要因素

（1）传热温差对循环的影响

在高、低温热源温度不变时，传热温差的存在将导致制冷量减少、功耗增大、向高温热源放热增大、压缩比（压缩机排气压力与吸气压力之比）增大、制冷系数下降。

（2）压缩比对循环的影响

压缩比较大和较小都将导致制冷效率的降低。

（3）回热对循环的影响

回热是制冷系统的一种内部换热形式，大多制冷设备采用回热措施可提高制冷量和制冷效率，这里也不例外。

（4）空气净化度和干燥度对循环的影响

制冷剂——空气中的水分不但会降低循环制冷量，还会因低温冻结阻塞通道，甚至与固体杂质一起磨损运动部件。

4. 空气压缩式制冷的特点

（1）制冷温度在 −80 ℃以下时采用空气压缩式制冷循环，不但能使制冷系数高于蒸气压缩式，而且降温性能好、系统设备简单。

（2）制冷工质无害、无污染，且易于获得。

（3）系统气密性要求低，运行可靠。

（4）系统使用灵活，对不同使用目的和要求的适应性较强。

（5）制冷量容易调节，操作、维护简单。

在普通制冷中，气体膨胀法制冷的效率虽然不高，但能制取很低的温度。因此，它常用于深度制冷和低温技术中。

五、温差热电制冷

1. 塞贝克效应和珀尔贴效应

温差热电制冷也称热电制冷。为了说明这种制冷方法的原理，先了解与其相关的两个实验现象。

（1）塞贝克效应

1822 年，德国人塞贝克用两种不同材料组成的一个闭合环路。当把两个连接点"A"和"B"置于不同温度的环境下，则会发现串联在环路中的微安表指针会偏转一定的角度，这说明环路中产生了直流电流，这种现象称为"塞贝克效应（热电效应）"，如图 2—14 所示。

（2）珀尔贴效应

上面的实验结果不禁会使人产生这样的想法：如果让环路的两个节点放在同一温度环境中，给环路通以直流电流，那两个节点是否会产生温差呢？实验的结果完全证实了这种想法，这就是"珀尔贴效应"，如图 2—15 所示。

热电制冷就是利用珀尔贴效应的原理来实现的。由于只有用半导体材料制成的热电式制冷效应比较显著，具有实用价值，所以热电制冷又称为半导体制冷。

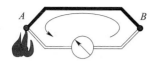

图 2—14 塞贝克效应示意图

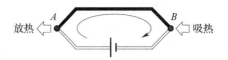

图 2—15 珀尔贴效应示意图

2. 半导体制冷的工作原理

半导体制冷的基本单元是半导体热电偶，如图 2—16 所示，它主要由 P 型半导体和 N 型半导体构成。

如图 2—17 所示为半导体热电偶制冷示意图，当给半导体热电偶通上直流电流，使电流从 N 型半导体流向 P 型半导体时，在 P 型半导体与 N 型半导连接的一端（上端）温度下降，产生吸热现象，此端称为冷端；而在电流由 P 型半导体流向 N 型半导体的下端温度上升，产生放热现象，此端称为热端。

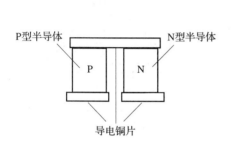

图 2—16 半导体制冷热电偶

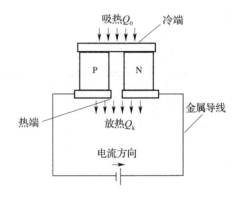

图 2—17 半导体热电偶制冷示意图

出现上述现象的原因是：电子在 P 型半导体和 N 型半导体中的能级不同，在 N 型半导体中比在 P 型半导体中高。所以，当接上如图 2—17 所示的电源后，在上端就有电子源源不断地从电子能级较小的 P 型半导体中进入电子能级较大的 N 型半导体，而这个过程中电子增大的能量来自上端周围，所以上端温度降低并成为冷端，如图 2—18 所示为半导体制冷中的吸热机理。相反，当电子从 N 型半导体中进入 P 型半导体时，就要以热能的形式放出多余的能量，如图 2—19 所示为半导体制冷中的放热机理。

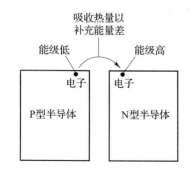

图 2—18 半导体制冷中的吸热机理

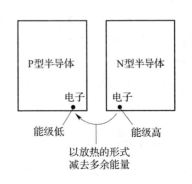

图 2—19 半导体制冷中的放热机理

3. 半导体热电堆

一对半导体热电偶的制冷能力是很小的，在实际应用中，为了获得较大的制冷量需将很多对半导体热电偶联合起来使用。如图2—20所示为单级串联热电堆，所有的冷端置于一侧，所有的热端置于另一侧。当给热电堆接通直流电流时，热电堆所有的冷端都在吸热，能产生较大的冷量；所有的热端都在放热，能产生较大的热量。

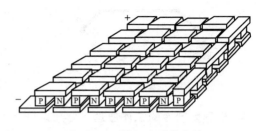

图 2—20 单级串联热电堆

如图2—21所示为几种多级半导体热电堆，为了获得更低的温度或更大的温差，可采用多级半导体热电堆制冷，即将半导体热电偶按串联、并联、混联等多种形式组合起来使用。目前，二级、三级半导体热电堆应用较为广泛。

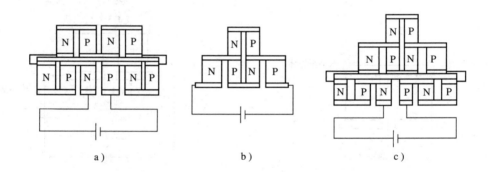

a)   b)   c)

图 2—21 几种多级半导体热电堆

a) 串联二级热电堆   b) 并联二级热电堆   c) 串并联三级热电堆

4. 半导体制冷的优点

（1）结构简单，机械部件少，维修方便。

（2）无机械传动部件，无磨损，无噪声，使用寿命长。

（3）不使用制冷剂，无污染，不会产生有害气体。

（4）冷却速度可通过电流来调节控制，作用速度快，工作可靠，体积小，重量轻。

由于热电制冷能应用于各种无法或不便使用普通制冷设备的领域，如船舶、航空、航天、医疗、计算机等。因此，半导体制冷具有不可替代的作用，目前已成为制冷技术的一个重要分支。

必须指出，半导体制冷虽然具有许多优点，但其制冷系数较低，一般情况下不采用半导体制冷方式。

六、磁制冷

磁制冷技术是一种基于材料物性（磁热效应）的固态冷却方式，采用水等环保介质作为传热流体。

1. 磁制冷原理

在自然界中，由磁性粒子构成的固体磁性物体称为磁介质，它在外磁场作用下表现出磁性的现象称为磁化。物体磁化后会产生附加磁场，不同的磁介质产生的附加磁场情况不同。在外磁场的作用下，附加磁场与外磁场方向相同的磁介质称为顺磁体，附加磁场与外磁场方向相反的磁介质称为抗磁体。

顺磁体在受到外磁场的作用被磁化时，磁有序度加强，对外放出热量，如图2—22b所示。而顺磁体在去磁时，磁有序度下降，会从外界吸收热量，如图2—22c所示，这就是磁制冷的原理。

根据制取温度的不同，可将磁制冷分为低温磁制冷和高温磁制冷两大类。

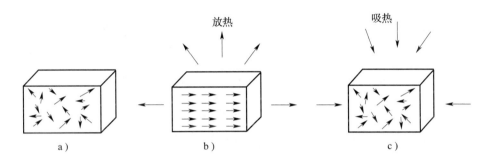

图 2—22 磁热效应图示

a）无外磁场时的顺磁物体 b）被磁化时顺磁物体放出热量 c）顺磁物体去磁时吸收热量

2. 磁制冷的优点

磁制冷是一项绿色环保的制冷技术，主要具有以下优点：

（1）效率高，可获得足够的低温。

（2）结构简单，体积小，重量轻。

（3）工作可靠，无噪声，便于维修。

（4）无污染，使用寿命长。

§2—3 热泵及其原理

一、热泵的概念

热泵是一种利用自然界蕴藏的低品位热能（温度不高的空气、水或地热等）的装置。为进一步明确其概念，来分析和比较图1—87和图1—88所示的水与热量的自然流动与人为逆向流动的异同。

在自然情况下，水总是由高处往低处流，若要如图1—87所示将地理位置较低的水送往地理位置较高的地方，则需要借助一定的装置，这个装置称为水泵。热能也有与水相类似的性质，在自然条件下，热量只会从高温物体传向低温物体。要想把热量从温度较低的物体传向温度较高的物体也必须借助一定的装置，这个装置就是热泵，如图1—88所示。

二、热泵的工作原理

前面在学习蒸气压缩式制冷循环的时候已经明确，一台制冷设备实际上就是一个热能转移装置，在外界提供补偿的条件下，它从温度较低处吸取热量，然后将其转移到温度较高处释放。如果以从低温区吸热为目的，那这个转移装置就是一台制冷机；如果以向高温区放热为目的，那它就是一台热泵。因此，从本质来看，制冷机与热泵的工作原理是相同的。

第三章　制冷剂、载冷剂与冷冻机油

§3—1　制　冷　剂

一、制冷剂的概念

如图 3—1 所示，在蒸气压缩式制冷的蒸发器里吸热后由液体转变为蒸气，在冷凝器里放热后再由蒸气转变为液体的流体物质叫作制冷剂。

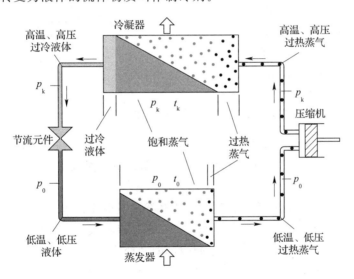

图 3—1　蒸气压缩式制冷中的制冷剂

在液体汽化法制冷中，制冷剂在密闭的管道内循环流动，依靠自身热力状态的变化，不断地在指定区域吸收热量，并传递给外界高温热源，从而实现制冷。

制冷剂是制冷系统完成制冷循环，实现热能转移所必需的工作物质，简称工质。

二、对制冷剂的主要要求

1. 临界温度要高，凝固温度要低，沸点要低

临界温度高，不但可用常温的冷却水或空气对高温高压下的制冷剂蒸气进行冷凝，而且在远离临界状态下物质的汽化潜热较大、节流损失较小。凝固温度低，可保证制冷剂在蒸发温度下不至于凝固，以保证制冷剂的流动性质。沸点要低，可实现低温制冷。

2. 工作压力要适当

（1）要求蒸发压力[①]（p_0）略高于大气压

蒸发压力高于大气压，可以避免在低压部分出现负压，否则，在密封不良的情况下外界空气就有机会渗入制冷系统，如图3—2所示。空气渗入制冷系统后会引起"冰堵""镀铜"及腐蚀设备材料和改变系统的运行参数等不良后果。

（2）冷凝压力（p_k）不要过高

如图3—3所示为蒸气压缩式制冷系统的高压部分，如果冷凝压力过高，不但工作时处于高压下的制冷压缩机、冷凝器、节流元件及连接管道等要承受更高的工作压力，而且制冷剂外泄的可能性更大。这样，对设备材料的力学性能、制造工艺和施工要求等就得提出更高的要求。

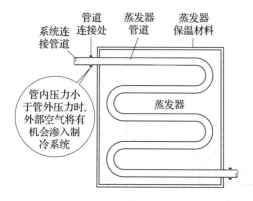

图3—2　蒸气压缩式制冷系统出现负压后空气会渗入

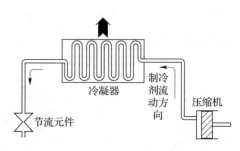

图3—3　蒸气压缩式制冷系统的高压部分

（3）冷凝压力与蒸发压力之比要小

实践表明，压力比大会提高制冷压缩机的排气温度和压缩功耗，同时使压缩机的输气系数下降。

3. 单位质量制冷量（Q_0）要大，单位容积制冷量（Q_v）要适当

单位质量制冷量（Q_0）大，可以在保证制冷能力的前提下，减少系统内制冷剂的循环量，从而减小设备的尺寸，降低压缩机对制冷剂的循环功率和减少对制冷设备的投资。

对于大中型的制冷设备而言，希望所用制冷剂的单位容积制冷量（Q_v）尽可能地大，以保证在制冷能力不变的前提下，减少压缩机的排气量，从而缩小压缩机的尺寸，同时降低压缩功率等。而对于小型制冷设备来说，希望所用制冷剂的单位容积制冷量不要太大，这样，一方面不会因制冷剂通过的流道截面太窄而使其流动阻力增大，另一方面可以降低小型设备制造、加工、安装的难度。

4. 绝热指数要小，导热系数要高，黏度和密度要小

绝热指数小可减少制冷压缩机的功耗，降低排气温度，从而改善运行性能，简化压缩机的设计。

导热系数高可以提高换热器（主要指冷凝器和蒸发器）的换热效率，减少换热面积，使制冷设备的结构更加紧凑，材料更加节约。

黏度和密度较小的制冷剂在系统内流动时受到的阻力较小，从而降低了压缩机所需要提

[①]　制冷技术中习惯将制冷剂在蒸发器中的汽化称为"蒸发"，其实这个过程主要是沸腾汽化。

供的循环功率，提高能效比。

5. 无毒、不燃烧、不爆炸，化学稳定性好

无毒，包括不污染食品、不对人体生理产生不良影响和不给大气环境带来破坏。

采用无燃烧、无爆炸危险的制冷剂，可以保证工作人员、制冷设备以及场地的安全，并提高设备运行的可靠性。

制冷剂的化学性质稳定，不但可以保证制冷剂本身在高温等极端条件下不分解、变质，还能保证它不与冷冻机油、金属、橡塑制品等发生化学反应，减轻了对制冷系统各部件和管道的腐蚀和破坏作用，延长了制冷设备的工作寿命和使用周期。

6. 价格便宜，易于获得

就小型制冷设备而言，所用制冷剂的量并不多，制冷剂的成本并不显眼。但对于大中型制冷设备来说，无论是首次投入，还是日后检修时的补充，所用制冷剂的量十分可观。所以，制冷剂的价格也是要考虑的问题。

实践中应按照不同的要求和用途，合理地选择相对来说比较理想的物质作为制冷剂。一旦选定某种物质作为制冷剂后，相应制冷系统的设计和运行操作等因素必须与之相匹配。

三、制冷剂的分类

能作为制冷剂的物质有很多，曾经和正在使用的制冷剂物质超过一百种，并且新的制冷剂也不断出现。通常，可以从物质的化学组成以及标准沸点和冷凝压力等方面对制冷剂进行分类。

1. 按化学组成分类

目前，大多数国家都采用美国供暖制冷空调工程师协会标准（ASHRAE standard 34—78）的规定来命名制冷剂。这一标准的命名方法是用英文单词 Refrigerant（制冷剂）的首字母 R 开头，后面加上相关的数字和字母来表示制冷剂的种类和化学结构等。按照这个标准，制冷剂主要分类和命名如下：

（1）卤化碳类制冷剂（氟利昂类制冷剂）

卤化碳类制冷剂又称卤碳化合物类制冷剂，是饱和碳氢化合物的卤素（一般指氟、氯、溴）衍生物的总称。最初，美国某公司以"Freon（氟利昂）"作为卤化碳类物质的商业名称，其后被公认为这类制冷剂的正式名称。

用于生产氟利昂制冷剂的饱和碳氢化合物主要有甲烷（CH_4）、乙烷（C_2H_6）和丙烷（C_3H_8）。饱和碳氢化合物的分子通式是 C_mH_{2m+2}，当部分或全部的氢被卤素取代后，所得的衍生物的分子通式为：$C_mH_nF_pCl_qBr_r$。

上式中，m、n、p、q 和 r 分别表示组成该物质分子的碳（C）、氢（H）、氟（F）、氯（Cl）和溴（Br）元素的原子个数。

氟利昂制冷剂代号的命名方法是：R$(m-1)(n+1)(p)$B(r)。必须指出：

1）如果组分中不含溴元素，即 $r=0$，则制冷剂代号中的 B 及其后的"0"可以省去不写。

2）对于甲烷类衍生物的制冷剂代号，根据书写规定，R 后面的第一个数字应为"0"，但习惯上都省去不写。

3）对于同分异构体物质的制冷剂，在按上述命名办法规定的书写外，另加"a""b""c"等予以区别。如图 3—4 所示，两种四氟乙烷的同分异构体 CHF_2CHF_2 和 CH_2FCF_3 制

冷剂代号分别是 R134 和 R134a。

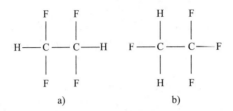

图 3—4　两种四氟乙烷同分异构体的结构示意图

常见氟利昂类制冷剂的化学名称、化学分子式及制冷剂代号，见表 3—1。

表 3—1 　　　　　　　　　　　　　　　常见氟利昂类制冷剂

化 学 名 称	化 学 分 子 式	制冷剂代号
四氯化碳	CCl_4	R10
三氯氟甲烷	CCl_3F	R11
氯三氟甲烷	$CClF_3$	R13
溴三氟甲烷	$CBrF_3$	R13B1
四氟化碳	CF_4	R14
三氯甲烷	$CHCl_3$	R20
二氯氟甲烷	$CHCl_2F$	R21
三氟甲烷	CHF_3	R23
二氯甲烷	CH_2Cl_2	R30
氯氟甲烷	CH_2ClF	R31
二氟甲烷	CH_2F_2	R32
氯甲烷	CH_3Cl	R40
氟甲烷	CH_3F	R41
六氯乙烷	CCl_3CCl_3	R110
五氯氟乙烷	CCl_3CCl_2F	R111
1，1，2，2—四氯二氟乙烷	CCl_2FCCl_2F	R112
1，1，1，2—四氯二氟乙烷	CCl_3CClF_2	R112a
1，1，2—三氯三氟乙烷	CCl_2FCClF_2	R113
1，1，1—三氯三氟乙烷	CCl_3CF_3	R113a
1，2—二氯四氟乙烷	$CClF_2CClF_2$	R114
1，1—二氯四氟乙烷	CCl_2FCF_3	R114a
1，2—二溴四氟乙烷	$CBrF_2CBrF_2$	R114B2
氯五氟乙烷	$CClF_2CF_3$	R115
六氟乙烷	CF_3CF_3	R116
五氯乙烷	$CHCl_2CCl_3$	R120
2，2—二氯—1，1，1—三氟乙烷	$CHCl_2CF_3$	R123

化 学 名 称	化学分子式	制冷剂代号
2—氯—1，1，1，2—四氟乙烷	$CHClFCF_3$	R124
1—氯—1，1，2，2—四氟乙烷	CHF_2CClF_2	R124a
五氟乙烷	CHF_2CF_3	R125
2—氯—1，1，1—三氟乙烷	CH_2ClCF_3	R133a
1，1，1，2—四氟乙烷	CH_2FCF_3	R134a
1，1，1—三氯乙烷	CH_3CCl_3	R140a
1—氯—1，1—二氟乙烷	CH_3CClF_2	R142b
1，1，1—三氟乙烷	CH_3CF_3	R143a
1，1—二氯乙烷	CH_3CHCl_2	R150a
1，1—二氟乙烷	CH_3CHF_2	R152a
氯乙烷	CH_3CH_2Cl	R160
八氟丙烷	$CF_3CF_2CF_3$	R218

（2）环状化合物类

常用的环状化合物类制冷剂的化学名称、化学分子式及制冷剂代号，见表3—2，其制冷剂代号的编写规则与氟利昂类制冷剂的编号规则相似，只是要在字母R后面加一个字母C。

表3—2　　　　　　　　　常用的环状化合物类制冷剂

化 学 名 称	化学分子式	制冷剂代号
1，2—二氯六氟环丁烷	$C_4Cl_2F_6$	RC316
氯七氟环丁烷	C_4ClF_7	RC317
八氟环丁烷	C_4F_8	RC318

（3）共沸类混合制冷剂

共沸类混合制冷剂是由两种或两种以上互相溶解的制冷剂按一定比例混合起来的制冷剂。它具有恒定的蒸发温度和冷凝温度，在饱和状态下气液两相两组分比例保持不变，但热力性质与原来单组分制冷剂的不同，能改善和提高制冷循环的性能。

共沸类混合制冷剂的组分、混合质量分数及制冷剂代号见表3—3，其命名方法是在字母R后面加数字5，其后再按启用时间的先后顺序编号。

在共沸类混合制冷剂中，R500、R502和R503的应用较多。

表3—3　　　　　　　　　共沸类混合制冷剂

组　分	混合质量分数（%）	制冷剂代号
R12/R152a	73.8/26.2	R500
R22/R12	75/25	R501

组　　分	混合质量分数（%）	制冷剂代号
R22/R115	48.8/51.2	R502
R23/R13	40.1/59.9	R503
R32/R115	48.2/51.8	R504
R12/R31	78.0/22.0	R505
R31/R114	55.1/44.9	R506
R125/R143a	50/50	R507

（4）非共沸类混合制冷剂

非共沸类混合制冷剂是由两种或两种以上互相不形成共沸溶液的单组分制冷剂混合而成的。这种制冷剂在一定的压力下加热蒸发时，沸点较低的组分先蒸发，其在共沸溶液中所占比率逐渐减少，气液两相组分不断变化，在整个蒸发过程中温度不再保持恒定。在定压冷凝时，沸点高的组分先液化，其他情况与蒸发过程类似。

非共沸类混合制冷剂的命名方法是在字母 R 后面加数字 4，其后也按启用时间的先后顺序编号。常见的非共沸类混合制冷剂见表 3—4。

表 3—4　　　　　　　常见的非共沸类混合制冷剂

组　　分	混合质量分数（%）	制冷剂代号
R22/R152a/R124	53/13/34	R401A
R22/R152a/R124	61/11/28	R401B
R22/R152a/R124	35/15/50	R401C
R125/R290/R22	60/2/38	R402A
R125/R290/R22	38/2/60	R402B
R125/R143a/R134a	44/52/4	R404A
R32/R125/R134a	20/40/40	R407A
R32/R125/R134a	10/70/20	R407B

非共沸类混合制冷剂是继共沸类混合制冷剂之后发展起来的，它为寻求性质更佳的制冷剂工质开辟了另一条途径。

（5）饱和碳氢化合物类

常见的饱和碳氢化合物类制冷剂的化学名称、化学分子式及制冷剂代号，见表 3—5。这类制冷剂的命名方法是除丁烷写成 R600 外，其余的与氟利昂类制冷剂一样。

表 3—5　　　　　　　常见的饱和碳氢化合物类制冷剂

化学名称	化学分子式	制冷剂代号
甲烷	CH_4	R50
乙烷	CH_3CH_3	R170
丙烷	$CH_3CH_2CH_3$	R290

化 学 名 称	化学分子式	制冷剂代号
丁烷	$CH_3CH_2CH_2CH_3$	R600
异丁烷	$CH(CH_3)_3$	R600a

（6）不饱和碳氢化合物及其卤元素衍生物类制冷剂

常见的不饱和碳氢化合物及其卤元素衍生物类制冷剂的化学名称、化学分子式及制冷剂代号，见表3—6。这类制冷剂的命名方法是在字母R后面先加数字1，其他按照氟利昂类制冷剂的命名规则书写。

表3—6　　　　　　　　常见的不饱和碳氢化合物及其卤元素衍生物类制冷剂

化 学 名 称	化学分子式	制冷剂代号
1，1—二氯二氟乙烯	$CCl_2=CF_2$	R1112a
氯三氟乙烯	$CClF=CF_2$	R1113
四氟乙烯	$CF_2=CF_2$	R1114
三氯乙烯	$CHCl=CCl_2$	R1120
1，2—二氯乙烯	$CHCl=CHCl$	R1130
二氟乙烯	$CH_2=CF_2$	R1132a
氯乙烯	$CH_2=CHCl$	R1140
氟乙烯	$CH_2=CHF$	R1141
乙烯	$CH_2=CH_2$	R1150
丙烯	$CH_3CH=CH_2$	R1270

（7）有机化合物类制冷剂

有机化合物主要是指有机氧化物、有机硫化物和有机氮化物，其命名方法是字母R后先加数字6，然后再加编号，6后的1表示是氧化物类，2表示硫化物类，3表示氮化物类，有机化合物类制冷剂见表3—7。

表3—7　　　　　　　　有机化合物类制冷剂

化 学 名 称	化学分子式	制冷剂代号
乙醚	$C_2H_5OC_2H_5$	R601
甲酸甲酯	$HCOOCH_3$	R611
甲胺	CH_3NH_2	R630
乙胺	$C_2H_5NH_2$	R631

（8）无机化合物类制冷剂

常用的无机化合物类制冷剂有氨（NH_3）、水（H_2O）和二氧化碳（CO_2）。无机化合物类制冷剂代号由字母R和700序列组成，700序列后面两个数字分别为该物质相对分子质量四舍五入后整数部分的十位数和个位数。如果有两种或两种以上无机化合物类制冷剂的分子质量是相同的，可在其后另加A、B、C等加以区别，见表3—8。

表 3—8   无机化合物类制冷剂

化 学 名 称	化学分子式	相对分子质量	制冷剂代号
氢	H_2	2.015 9	R702
氦	He	4.002 6	R704
氨	NH_3	17.03	R717
水	H_2O	18.02	R718
氖	Ne	20.183	R720
氮	N_2	28.013	R728
空气		28.97	R729
氧	O_2	31.998	R732
氩	A	39.948	R740
二氧化碳	CO_2	44.01	R744
氧化亚氮	N_2O	44.02	R744A
二氧化硫	SO_2	64.07	R764

目前，在大型制冷设备中大多采用氨和水作为制冷剂。

2. 按标准沸点（1标准大气压下的沸腾温度 t_s）和冷凝压力（常温下的冷凝压力 p_k）分类

（1）高温低压制冷剂（$t_s>0$ ℃，$p_k<2\sim3$ bar）

因为这类制冷剂的标准沸点较高，通常适用于空气调节的制冷系统，具有代表性的高温低压制冷剂有 R11（三氯氟甲烷，CCl_3F）和 R21（二氯氟甲烷，$CHCl_2F$）等。

（2）中温中压制冷剂（0 ℃>t_s>−60 ℃，15~22 bar>p_k>2~3 bar）

具有代表性的中温中压制冷剂有 R134a（1，1，1，2—四氟乙烷，CH_2FCF_3）和 R717（氨，NH_3）等，它们应用广泛。

（3）低温高压制冷剂（t_s<−70 ℃，p_k>20~30 bar）

因为这类制冷剂的标准沸点较低，所需的冷凝温度也较低，它们适用于复叠式制冷系统的低温部分。具有代表性的低温高压制冷剂有 R13（氯三氟甲烷，$CClF_3$）、R14（四氟化碳，CF_4）。

四、常用制冷剂的主要特性

1. R134a（1，1，1，2—四氟乙烷，CH_2FCF_3）

R134a 属中温中压的氟利昂类制冷剂，其压力适中、传热性好、化学稳定性好、不燃烧。目前在我国，R134a 是 R12 最常用的替代品。主要参数和特性如下：

（1）凝固点−101 ℃，标准沸点−26.5 ℃，临界温度 101.1 ℃。

（2）汽化潜热 219.8 kJ/kg，较 R12 大。绝热指数 1.11，略小于 R12。

（3）无色、略有芳香味，对人体生理危害很小。

（4）不含氯原子，且在大气中的存在寿命很短，臭氧层破坏潜在效应（ODP）为 0。全球温室潜在效应（GWP）为 420。

（5）在相同冷凝温度和蒸发温度下的压缩比高于 R12，用于空调时不是很突出，用于低温装置时十分明显，制冷机能耗增多，制冷系数下降。

（6）液体比热容较 R12 大，故节流损失较 R12 大。为提高制冷系数，R134a 制冷系统宜使液体过冷。

（7）与矿物油相溶性差，而与聚酯类油相溶，故 R134a 系统采用聚酯冷冻机油。但因聚酯类润滑油亲水性较强，故而对 R134a 系统的干燥要求更高。R134a 系统采用的干燥剂也不同于 R12 系统，密封性要求更高。

（8）对有机材料的溶胀性更强，普通耐氟橡胶材料部件已不再适用，应将其更换为聚丁腈、氯丁橡胶等材料部件。R134a 系统使用的封闭式制冷压缩机中的电动机绕组的绝缘等级也应进一步提高。

（9）渗透性较 R22 更强，且无法用卤素检漏仪检漏。

（10）合成工艺复杂，生产成本高于 R12。

2. R502

R502 由 R22 和 R115 混合而成，属共沸类中温中压制冷剂。其特点是能降低压缩机的排气温度，提高压缩机输气系数和制冷量。在低温下使用，可提高循环制冷效率。R502 的主要参数和特性如下：

（1）组分为 48.8％R22，51.2％R115。

（2）标准沸点为 −45.4 ℃，临界温度为 82.2 ℃。

（3）溶油性较 R22 稍差。

（4）毒性小，不燃烧，不爆炸，化学性质较 R22 更稳定，对有机材料的作用比 R22 更弱。

（5）对全球环境影响比 R22 大。

（6）售价高。

3. R600a ［异丁烷，CH（CH₃）₃，中温中压制冷剂］

异丁烷又名 2—甲基丙烷，属碳氢化合物，在电冰箱制冷剂中，异丁烷是国际公认的 R12 替代品之一，它对臭氧层无破坏作用，温室效应为零，热力学性能也比较好。R600a 在可操作性、制冷效率和电能消耗等方面优于 R12 和 R134a，但存在一个显著的缺点——易燃性。R600a 的主要参数和特性如下：

（1）标准沸点为 −11.80 ℃，凝固点为 −159.6 ℃，相对分子质量为 58.12。

（2）临界温度为 134.98 ℃，临界压力为 3.66 MPa。

（3）汽化潜热为 366.5 kJ/kg。

（4）25 ℃下的饱和液体密度为 0.551 g/cm³。

（5）25 ℃下的液体比热容为 2.38 kJ/(kg·℃)。

（6）无色，微溶于水，性能稳定，其臭氧消耗潜力和温室效应潜力都为零。

（7）与矿物油和烷基苯油能完全相溶。

（8）密度大于空气，较易聚积。

（9）能与空气形成爆炸性混合物，爆炸极限为 1.9％～8.4％（体积分数）。当达到或高于此比例时，如遇明火等即刻会引起爆炸，所以安全是最应注意的问题。

4. R400A

R400A 由 R32（二氟甲烷，CH₂F₂）和 R125（五氟乙烷，CHF₂CF₃）混合而成，属中

温中压制冷剂。在常温常压下为无色气体，在冷凝压力下为无色透明液体，目前是 R22 的首选替代品，主要用于空调和制冷系统。R400A 的主要参数和特性如下：

（1）相对分子质量为 72.58，标准沸点为 −51.6 ℃。

（2）临界温度为 72.5 ℃，临界压力为 4.95 MPa。

（3）30 ℃下的饱和液体密度为 1.038 g/cm³。

（4）30 ℃下的液体比热容为 1.78 kJ/（kg·℃）。

（5）30 ℃及 101.3 kPa 下的等压蒸气比热容为 0.85 kJ/（kg·℃）。

（6）汽化潜热为 256.7 kJ/kg。

5. R717（氨，NH_3）

氨是食品和酿酒工业中使用最为广泛的一种中压中温制冷剂。氨作为制冷剂有着许多优点：价格低廉、压力适中、单位制冷量大、传热性能好、流动阻力小、吸水性好、便于检漏。其缺点是：有刺激性臭味、有毒、易燃易爆、对铜及铜合金有腐蚀作用。另外，氨制冷机需经常排除系统中的空气及其他不凝性气体。R717 的主要参数和特性如下：

（1）凝固点为 −77.7 ℃，标准沸点为 −33.3 ℃，常温下的冷凝压力为 1.1～1.3 MPa。

（2）单位容积制冷量为 520 kCal/m³。

（3）吸水性好，即使在低温下水也不会从氨液中析出而冻结，故系统内不会发生"冰堵"现象，无须使用干燥器。

（4）密度小，黏度小，放热系数高。

（5）价格便宜，易于获得。

（6）难溶解于油，为保证制冷压缩机的正常运转，氨制冷机需要设置油泵。

（7）对钢铁无腐蚀作用，但氨液中含有水分后，对铜及铜合金有腐蚀作用。因此，氨制冷装置中不能使用铜及铜合金材料，并规定氨中含水量不应超过 0.2%。

（8）有较强的毒性和可燃性，当空气中氨的含量达到 0.5%～0.6%（体积分数）时，人在其中停留半小时即可中毒，达到 11%～13% 时即可点燃，达到 16% 时遇明火就会爆炸。因此，氨制冷机房必须注意通风排气。

6. R13（氯三氟甲烷，$CCIF_3$，低温高压制冷剂）

R13 一般作为 −110～−70 ℃复叠式制冷机低温制冷循环中的制冷剂，因其临界温度较低，故不能用常温介质（水或空气）来冷凝。R13 的主要参数和特性如下：

（1）凝固点为 −181 ℃，标准沸点为 −81.4 ℃，临界温度为 28.8 ℃。

（2）毒性较 R12 小，对大气臭氧层有破坏作用。

（3）完全不燃烧，不爆炸。

（4）溶水性与 R12 相近，系统中应设干燥器。

（5）不溶于润滑油。

（6）蒸气比容小，单位容积制冷量大。

（7）对金属和有机物的作用、泄漏性与 R12 相同。

7. R290

R290（丙烷）又称冷煤，是一种新型环保制冷剂，主要用于中央空调、热泵空调、家用空调和其他小型制冷设备。

高纯级 R290 可用作感温工质，优级和一级 R290 可用作制冷剂替代 R22、R502。

R290 与 R22 的标准沸点、凝固点、临界点等基本物理性质非常接近，具备替代 R22 的基本条件。在饱和液态时，R290 的密度比 R22 小，因此相同容积下 R290 的灌注量更小，试验证明相同系统体积下 R290 的灌注量是 R22 的 43％左右。另外，由于 R290 的汽化潜热大约是 R22 的 2 倍，因此采用 R290 的制冷系统制冷剂循环量更小。R290 具有良好的材料相容性，与铜、钢、铸铁、润滑油等均能良好相容。

虽然 R290 具有上述优势，但其"易燃易爆"的缺点是目前限制其大规模推广的最大阻碍。R290 与空气混合能形成爆炸性混合物，遇热源和明火有燃烧爆炸的危险。提高 R290 安全性的手段包括减小灌注量、隔绝着火源、防止制冷剂泄漏及提高泄漏后的安全防控能力等。

§3—2　载　冷　剂

在学习载冷剂的概念之前，先了解直接制冷系统和间接制冷系统。

一、直接、间接制冷系统与载冷剂

1. 直接制冷系统

在直接制冷系统中，制冷设备是直接吸收要降温区域的热量，并将其排放到外界环境中的，如图 3—5 所示。

2. 间接制冷系统

在间接制冷系统中，制冷设备先冷却某种液态物质，再利用降温后的该液态物质吸收要降温区域的热量，如图 3—6 所示。

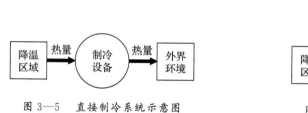

图 3—5　直接制冷系统示意图　　　　　图 3—6　间接制冷系统示意图

3. 载冷剂的定义

载冷剂又称冷媒，它在间接制冷系统中作为一种中间介质，把要降温区域的热量接力传递给制冷剂，最终把热量释放给外界环境。

二、间接制冷的优点

在间接制冷系统中，载冷剂在蒸发器中被冷却以获得冷量，然后被载冷剂泵输送到需要冷量的各个地方，吸收热量后又回到蒸发器中再被冷却，如此循环往复，以达到连续制冷的目的，如图 3—7 所示。正是因为载冷剂的这个作用，使得制冷剂能够在一个较小的系统内循环，制冷设备能做得更集中、体积更小，从而减小了制冷管路的长度和容积，节省了管路材料和制冷剂，同时减少了压力损失。另外，用于载冷剂的物质，其热容量一般较大，以使被冷却物体或空间的温度保持恒定。

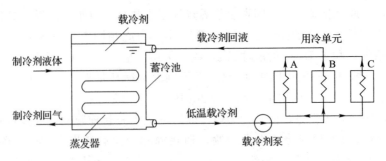

图 3—7   间接制冷系统示意图

由于载冷剂具有输送冷量的作用，在制冷设备的安装上可以使被降温区域远离冷源，这在使用有毒制冷剂氨的制冷系统中尤其重要。

间接制冷系统的使用不但能使制冷设备与冷量使用者之间起到卫生上、安全上和噪声上的隔离作用，还为制冷设备的操作、冷量的控制提供了方便。

三、对载冷剂的要求

1. 无毒，对人体无害，不污染食品，不影响环境。

2. 化学稳定性要好。不分解、不氧化、不燃烧、不爆炸，挥发性小，即使与制冷剂接触也不发生化学反应。

3. 沸点要高，凝固点要低。首先，作为载冷剂必须是流体，在将热量传递给温度较低的制冷剂时，不能因为它的凝固点过低而凝固，从而失去流动性。其次，在吸收被冷却物体或空间的热量后，不能因为它的沸点过低而变成气体，因为相同物质、相同体积气体的携热能力要远小于液体。

4. 比热容要大。使用比热容大的载冷剂，可减少系统内载冷剂的循环量。

5. 黏度和密度要小。载冷剂的黏度越小，它在管道中流动时受到的阻力就越小；密度越小，它的质量就越小。因此，提供载冷剂循环所需的动力消耗就越少。

6. 传热性要好。载冷剂的传热性越好，其换热量就越多，效率越高。

7. 不腐蚀设备和管道。

8. 价格便宜，易于获得。

四、常用的载冷剂

用作载冷剂的物质不下几十种，但在空调或集中供冷装置中使用的只有以下几种：

1. **水**

水是用于空气调节间接制冷系统中最好的载冷剂，其相关参数和特性如下：

（1）比热容大、传热效果好，可减少载冷剂的循环量。

（2）密度小、黏度小，流动阻力小，有利于减小设备尺寸，降低投资。

（3）无毒，对人体、食品和环境都无危害。

（4）不燃烧、不爆炸，纯水对铁等金属设备和管道腐蚀性较小。

（5）资源丰富，价格便宜。

（6）常压下的凝固点较高，只能作为制冷温度是 0 ℃以上间接制冷系统中的载冷剂。

2. 盐水

通常制冷温度在 0 ℃以下的间接制冷系统中用"盐水"作为载冷剂。"盐水"载冷剂常用氯化钠（NaCl）、氯化钙（CaCl$_2$）和氯化镁（MgCl$_2$）水溶液的混合物。其特性如下：

（1）可用于 0 ℃以下的间接制冷系统，且凝固点与溶剂物质、溶液浓度有关。NaCl 水溶液可作为－16 ℃以上间接制冷系统中的载冷剂，CaCl$_2$ 水溶液可作为－50 ℃以上间接制冷系统中的载冷剂。凝固点随溶液浓度的增加而降低。

（2）比热容大，载冷能力强。

（3）无毒，不燃烧，不爆炸。

（4）吸水性强，应定期测定盐度，并及时补盐。

（5）NaCl 和 CaCl$_2$ 混合使用易出现沉淀，引起换热受阻、管道流通面积变小等不良影响。

（6）腐蚀性较强，易使金属（特别是铁）材料管道锈蚀。

3. 有机溶液

有机溶液的凝固点普遍比水和盐水低，故被广泛用于低温间接制冷系统中。

（1）乙二醇水溶液（CH$_2$OHCH$_2$OH）

乙二醇水溶液载冷剂的特点是：纯乙二醇无色、无味、无电解性、不燃烧，化学性质稳定；乙二醇水溶液略有毒性和腐蚀性，使用时应加缓蚀剂；浓度降低时，凝固点升高；价格较高。

（2）丙三醇水溶液（CH$_2$OHCHOHCH$_2$）

丙三醇水溶液常作为啤酒、制乳工业及接触食品的间接制冷系统中的载冷剂，其特点是：纯丙三醇无色、无味、无电解性、无毒，对金属无腐蚀，化学性质稳定且具有抑制微生物生长的作用。

另外，还常用乙醇水溶液（C$_2$H$_5$OH）、二氯甲烷（CH$_2$Cl$_2$）等有机溶液作为间接制冷设备中的载冷剂。其中，乙醇水溶液具有芳香味，无色、易燃、易挥发，极易溶于水，凝固点为－114 ℃，常作为－100 ℃以上的低温载冷剂；二氯甲烷的标准沸点为 40.7 ℃，凝固点为－96.7 ℃，无色、无毒，有一定的可燃性，对铁有腐蚀作用。

五、载冷剂选用技巧

1. 蒸发温度高于 5 ℃的间接制冷系统，一般选择水作为载冷剂。

2. 蒸发温度为－16～5 ℃的间接制冷系统，一般选择 NaCl 水溶液作为载冷剂。

3. 蒸发温度为－50～5 ℃的间接制冷系统，一般选择 CaCl$_2$ 水溶液作为载冷剂。

4. 食品加工用间接制冷系统，一般选择乙二醇、丙三醇、乙醇水溶液作为载冷剂。

5. 工作温度范围较广的间接制冷系统，如－50～50 ℃，一般选择三氯乙烯水溶液作为载冷剂。

6. 蒸发温度低于－50 ℃的间接制冷系统，一般选择三氯乙烯、二氯甲烷、乙醇和丙酮等水溶液作为载冷剂。

§3—3 冷冻机油

冷冻机油是保障压缩机正常工作的辅助材料，它不但具有润滑作用，还起着其他重要的作用。

一、冷冻机油的功能与作用

1. 润滑压缩机

如图 3—8 所示，冷冻机油油膜将运动部件隔离开，减小运动部件之间的摩擦和磨损，提高有用功率，减少摩擦热，延长设备的使用寿命。

2. 带走摩擦热量、冷却压缩机

通过冷冻机油的流动，将压缩机工作时产生的热量及时带走，以免压缩机局部温升过高，影响设备的正常工作。

3. 密封作用（见图 3—9）

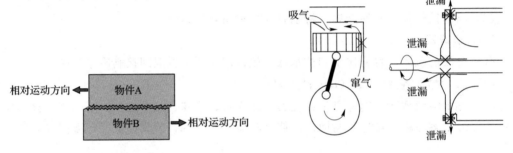

图 3—8　冷冻机油油膜将运动部件隔离开　　　　　图 3—9　密封作用

冷冻机油的密封作用主要体现在以下两个方面：

（1）填充在压缩机气缸与活塞间的冷冻机油起着良好的密封作用，有效阻止了高、低压之间的"窜气"。

（2）在开启式或半封闭式压缩机制冷系统中，填充在转轴与轴封之间、部件与部件的填料之间以及部件座体与盖板的密封材料之间的冷冻机油，同样起着良好的密封作用，阻碍了制冷剂的外泄。

冷冻机油还可以带走金属磨屑；在中型和大型制冷机中，利用"油压"作为控制卸载机构的液压动力。

二、对冷冻机油的主要要求

1. 化学稳定性要好

（1）不与制冷剂起化学反应。

（2）不降低全封闭式压缩机电动机绕组的绝缘性能。

（3）不与系统内所有的材料发生化学反应。

2. 热稳定性要好

（1）在低温下不凝固，黏度和密度不受明显的影响。

（2）在高温下不炭化。

第四章　单级蒸气压缩式制冷循环

在获得低温的众多方法中，蒸气压缩式制冷是目前应用最为广泛的人工制冷方法。此类制冷设备结构紧凑、操作方便，从稍低于环境温度至－150 ℃的制冷范围内都能得到较好的应用。在普冷温度范围内，蒸气压缩式制冷具有较高的工作效率，因而被广泛地应用于各个领域。

为进行分析计算和设计，也为了提高设备的制冷效率，需要对蒸气压缩式制冷进行必要的理论研究和讨论。

根据用途和制冷温度的不同等，蒸气压缩式制冷分为单级循环、多级循环和复叠式循环等。由于各种蒸气压缩式制冷都是在单级蒸气压缩式基础上发展起来的，所以本章仅简要讨论单级蒸气压缩式制冷循环。

为了便于分析和讨论，现在先来了解理想制冷循环。

§4—1　理想制冷循环

一、制冷循环和热泵循环的经济性能

1. 制冷系数

通过第二章的学习知道，任何制冷循环从能量的角度出发都可以用图4—1来表示。制冷设备以消耗外界能量（W_{net}）为补偿，从低温热源（也称被冷却系统）吸收热量（Q_0），把它转移到高温热源（也称环境），连同转变为热能的补偿能量（Q_k）一起释放。

为衡量一台制冷设备的经济性能，引入了制冷系数（ε）的概念，即实现制冷循环时从被冷却系统中取走的热量（Q_0，即制冷量）与完成循环所消耗的能量（机械功W_{net}或工作热能Q）的比值，指单位功耗获得的冷量，见式（4—1）。

$$\varepsilon = \frac{Q_0}{W_{net}} = \frac{Q_0}{Q_k - Q_0} \qquad (4—1)$$

由式（4—1）可见，在制冷循环中所消耗的机械功或工作热能越少，且从低温热源处吸收的热量越多，则制冷系数越大，设备的工作效率越高。

实际中的制冷系数可能大于1，也可能小于等于1，不过蒸气压缩式制冷循环在普冷范围下制冷系数通常为3～5。

例题　若某标准的1.5匹的分体壁挂式空调器的制冷功率为3.5 kW，试求它的制冷系数。

解：空调器每秒钟的吸热量（制冷量）是 $Q_{吸} = 3.5 \times 10^3 \times 1 = 3.5 \times 10^3$（J）

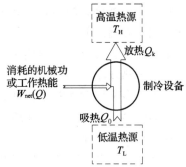

图 4—1　制冷循环中的能量关系

空调器每秒钟消耗的电能 $W=735\times1.5=1.1025\times10^3$（J）

该空调器的制冷系数为 $\varepsilon=\dfrac{Q_{吸}}{W}=\dfrac{3.5\times10^3}{1.1025\times10^3}\approx3.2$

家用电冰箱和家用空调器的制冷系数在 2.5～3.5 之间。通常，制冷温度越低，制冷系数也就越小。

2. 供暖系数

为衡量一台热泵的经济性能，引入了供暖系数（μ）的概念，即实现热泵循环时向高温热源放出的热量（Q_k，供暖量）与完成循环所消耗的能量（机械功 W_{net} 或工作热能 Q）的比值，见式（4—2）。

$$\mu=\frac{Q_k}{W_{net}}=\frac{Q_k}{Q_k-Q_0}\qquad(4—2)$$

由式（4—2）可见，在热泵循环中所消耗的机械功或工作热能越少，且向高温热源放出的热量越多，则供暖系数越大，设备的工作效越高。

例题 一台热泵型空调器（见图4—2），在冬季工作时的电功率是 1 000 W，它的标准制热量是 3 200 W，试求其供暖系数。

解：空调器每秒钟的放热量（供暖量）是 $Q_{放}=3\,200$ J

空调器每秒钟消耗的电能 $W=1\,000$ J

该空调器的供暖系数为 $\mu=\dfrac{Q_{放}}{W}=\dfrac{3\,200}{1\,000}=3.2$

由热力学第一定律可知 $Q_{放}=Q_{吸}+W$

因此：$\qquad\qquad\qquad Q_{放}>W$

故：$\qquad\qquad\qquad\qquad \mu>1$

通常外界环境的温度越低，热泵的供暖效率也越低，供暖系数越小。

当冬季室外温度低于 0 ℃后，不但因室外温度较低而使采暖效率下降，还因工作中的家用空调器室外换热器（这时充当着蒸发器）中制冷剂的蒸发温度低于室外环境温度，使得室外换热器的管道和翅片上很快结满霜层，从而严重影响蒸发器从室外介质中吸热。控制电路经常使空调器停止制热，而转入"制冷"化霜状态。因此，当室外温度低于 0 ℃后，纯热泵型空调器的采暖能力十分低下。为减少冬季热泵工作时的化霜时间，保证足够的采热效率，同时提高室内温度，目前的家用柜式空调器大多采用有辅助电加热的热泵型空调器。

通过第二章的学习，知道了各种制冷循环、热泵循环均需依靠外界能量补偿来实现热量由低温热源向高温热源的转移。这类循环在各种热力状态图中的循环路线是按逆时针方向进行的，因此是一种逆向循环。

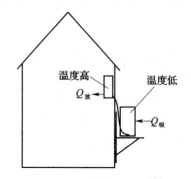

图 4—2 热泵型空调器供暖示意图

如何降低循环能耗、提高经济性能是制冷技术工作者面对的一个十分重要的课题。下面遵循由浅入深、由表及里、由简单到复杂、方便研究和分析的原则，先来学习最理想的制冷循环——逆向卡诺循环。

二、理想制冷循环

要研究理想制冷循环必须先了解可逆过程和不可逆过程的概念。

1. 可逆过程和不可逆过程

可逆过程是一种理想的热力学过程，即热力学系统由某一状态出发，经过某一过程到达另一状态后，如果存在另一过程，它能使系统和外界完全复原，即让系统回到原来的状态，同时又完全消除原来过程对外界所产生的一切影响，则原来的过程称为可逆过程。反之，如果无论采用何种办法都不能使系统和外界完全复原，则原来的过程称为不可逆过程。

一般来说，若传热无温差，运动无阻力，这样的热力过程属于可逆过程，否则为不可逆过程，且传热温差和运动阻力越大，热力过程的不可逆性越大。

可逆的概念比较抽象，对它的理解难以一步到位，但它很重要。一台热力设备工作时的不可逆因素越小、越少，则其效率越高；反之，则效率越低。随着学习的深入，对可逆的认识会逐渐加深。

2. 逆向卡诺循环

逆向卡诺循环是由两个可逆绝热过程和两个可逆等温过程组成的，是在一个恒定高温热源和一个恒定低温热源间工作的逆向循环，并且工质与高温热源、低温热源之间的传热温差为无穷小，即 $T_k = T_H$，$T_0 = T_L$[①]。如图 4—3 和图 4—4 所示为工质在气相区逆向卡诺循环的压力—比容图（简称 $p-v$ 图）和温熵图（简称 $T-S$ 图）。

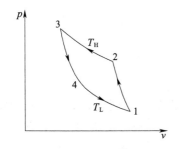

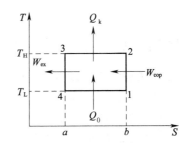

图 4—3　气相区的逆向卡诺循环 $p-v$ 图　　　图 4—4　气相区的逆向卡诺循环 $T-S$ 图

如图 4—3 和图 4—4 所示的循环中，1—2 过程为等熵压缩过程，此过程中外界对系统做功 W_{cop}，工质（制冷剂）温度由 T_L 升高到 T_H；2—3 过程为可逆等温放热过程，工质向温度为 T_H 的高温热源放热 Q_k；3—4 过程为等熵膨胀过程，此过程中系统对外界做功 W_{ex}，工质温度由 T_H 下降到 T_L；4—1 过程可逆等温吸热过程，工质从温度为 T_L 的低温热源吸热 Q_0。

在上述循环中，系统从低温热源处吸取热量 Q_0 时必须消耗循环功 $W_{net} = W_{cop} - W_{ex}$，并向高温热源放出热量 Q_k。

由 $T-S$ 图得循环中系统吸收低温热源的热量：

$$Q_0 = T_L (S_b - S_a) = S_{1-4-a-b-1}^{②} \tag{4—3}$$

---

① T_k 为制冷剂高温热源等温放热的温度，T_H 为高温热源的温度，T_0 为制冷剂从低温热源等温吸热的温度，T_L 为低温热源的温度。

② $S_{1-4-a-b-1}$ 是指在图 4—3 中的点 1、4、a、b 所围成的矩形面积，下同。

循环中系统向高温热源放出的热量：

$$Q_k = T_H(S_2 - S_3) = T_H(S_b - S_a) = S_{2-3-a-b-2} \qquad (4—4)$$

根据热力学第一定律，得到：

$$Q_k + W_{ex} = Q_0 + W_{cop}$$

即：

$$W_{net} = Q_k - Q_0 = (T_H - T_L)(S_b - S_a) = S_{1-2-3-4-1} \qquad (4—5)$$

因此，逆向卡诺循环的制冷系数：

$$\varepsilon_c = \frac{Q_0}{Q_k - Q_0} = \frac{Q_0}{W_{net}} = \frac{T_L(S_b - S_a)}{(T_H - T_L)(S_b - S_a)} = \frac{T_L}{T_H - T_L} \qquad (4—6)$$

上式表明，所有工作于同温度高温热源和同温度低温热源之间的理想制冷循环的效率都相等，而与采用的工质种类无关。

上式还反映了这样一条规律：

$$\frac{Q_0}{Q_k - Q_0} = \frac{T_L}{T_H - T_L} \qquad (4—7)$$

即：

$$\frac{Q_0}{Q_k} = \frac{T_L}{T_H} \qquad (4—8)$$

另外，卡诺定理表明：所有工作于同温度高温热源和同温度低温热源之间的一切制冷循环中，可逆制冷循环的效率最高（制冷系数最大），即：

$$\varepsilon_{max} = \varepsilon_c \qquad (4—9)$$

同理可得：

$$\mu = \mu_{max} = \frac{Q_k}{W_{net}} = \frac{Q_k}{Q_k - Q_0} = \frac{T_H}{T_H - T_L} \qquad (4—10)$$

三、对制冷循环的简要分析和讨论

1. 高、低温热源温度对制冷循环效率的影响

由式（4—6）和式（4—10）可知，若降低高温热源温度，同时提高低温热源温度，则循环效率会得到提高。实践还证明，低温热源的温度对制冷效率的影响比高温热源的温度更大。在实际中还因高温热源的温度常受到环境条件的限制无法降低，通常在满足维持起码的低温温度，即被降温区的温度上限的前提下，用提高低温热源的温度来提高制冷系数。

2. 在两相区实现制冷循环

由于在制冷循环的两个换热过程中很容易做到"恒压"，根据饱和压力与饱和温度的对应关系，在两相区内实现逆向卡诺循环的可逆等温换热要比在气相区更具可行性，所以，实际中通常在两相区来实现制冷循环，如图4—5所示。

3. 湿压缩与干压缩

若果真如上所说，在将循环完全地转移到两相区时，则压缩过程中被压缩的就不再是干蒸气，而是湿蒸气，这样的压缩称为"湿压缩"，它会导致"液击"事故的发生。因此，在实际中将循环的压缩部分移出两相区，如图4—6所示。

4. 传热温差对循环的影响

在理想制冷循环中，假设制冷剂工质与高温热源和低温热源的传热是无温差的，但实际中无温差传热是不可能实现的。工质要吸取低温热源的热量，其温度（T_0）必定低于低温

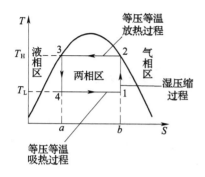

图 4—5 两相区的逆向卡诺循环 $T-S$ 图

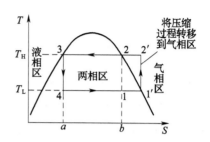

图 4—6 干压缩逆向卡诺循环 $T-S$ 图

热源的温度（T_L），而向高温热源放出热量时，其温度（T_k）必定要高于高温热源的温度（T_H），即 $T_k>T_H$，$T_0<T_L$，分别如图 4—7 和图 4—8 所示。

因此，实际的制冷循环路线将由如图 4—9 所示的 $1-2-3-4-1$ 变为 $1'-2'-3'-4'-1'$。

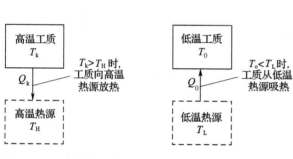

图 4—7 工质放热条件　　图 4—8 工质吸热条件

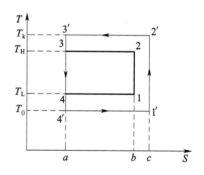

图 4—9 传热温差对循环的影响

有传热温差时对制冷效率有何影响呢？

如要想取得与无传热温差时同等的制冷量，即：

$$Q'_0 = Q_0$$

则要：

$$T_0\,(S_c-S_a)=T_L\,(S_b-S_a)$$

即：

$$\frac{S_c-S_a}{S_b-S_a}=\frac{T_L}{T_0}>1$$

故：

$$S_c-S_a>S_b-S_a$$

即：

$$S_c>S_b$$

所以：

$$\varepsilon=\frac{Q'_0}{W'_{net}}=\frac{T_0\,(S_c-S_a)}{(T_k-T_0)\,(S_c-S_a)}=\frac{T_0}{T_k-T_0}<\frac{T_L}{T_H-T_L}=\varepsilon_c$$

即：

$$\varepsilon<\varepsilon_c \tag{4—11}$$

由式（4—11）可见，当制冷剂工质与高温热源和低温热源之间存在传热温差时，制冷设备的效率将随之降低。

5. 热力完善度

从上面的分析可知，一个实际制冷循环的制冷效率总是低于相同温度条件下高温热源和低温热源的逆向卡诺循环的制冷系数。这个相对差值越小，表示其热力学性能越好，循环越接近理想状态，为此用"热力完善度"来反映实际制冷循环的这一能力。

$$\beta = \frac{\varepsilon}{\varepsilon_c} < 1 \qquad (4—12)$$

§4—2 单级蒸气压缩式理论制冷循环

尽管理想逆向循环对实际的制冷循环具有指导意义，为提高循环效率提供了目标方向和原则方法，但它毕竟与实际制冷循环存在较大的差异，有关的结论不能直接用于实际制冷循环的热力分析。为此，在分析了理想制冷循环各环节的可行性后，提出了理论制冷循环的概念，这样，一方面能最大限度地提高实际制冷设备的效率，另一方面可利用理论制冷循环的热力分析，极大地简化实际制冷循环中的众多复杂因素。

一、单级蒸气压缩式理论制冷循环假设条件和热力状态图

单级蒸气压缩式理论制冷循环如图 4—10 所示，制冷工作原理已在第二章讲述，图的中央是单级蒸气压缩式理论制冷循环的压焓图。直角坐标系以制冷剂工质的焓值为横轴，以制冷剂工质压力的对数值为纵轴。在压焓图中，舌形曲线的顶点 C 是临界点。曲线以临界点 C 为界，左边是干度为"0"的等干线，右边是干度为"1"的等干线。下面具体分析循环中的各个过程。

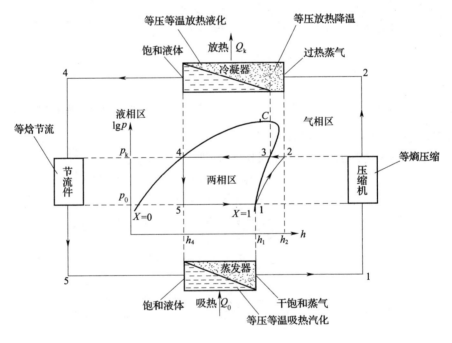

图 4—10 单级蒸气压缩式理论制冷循环

1. 压缩过程为干饱和蒸气的等熵压缩过程，如图 4—10 所示的过程 1—2。该过程中，制冷剂工质由低温（T_0）低压（p_0）的干饱和蒸气（$X_1 = 1$）改变为高温高压（p_k）的过热蒸气。在此过程中熵值不变。

$$S_2 = S_1$$

2.冷却冷凝过程无压降，且冷凝过程无传热温差，无过冷，如图4—10所示的过程2—4。该过程分为两段：制冷剂工质由高温高压（p_k）的过热蒸气等压放热，降温成为室温（T_k）高压（p_k）的干饱和蒸气（干度 $X_3=1$）（见图4—10的过程2—3）；制冷剂工质由干饱和蒸气等压、等温放热，干度不断降低，最终成为饱和液体（干度 $X_4=0$）（见图4—10的过程3—4）。

$$p_4=p_3=p_2=p_k \qquad T_k=T_H$$

3.节流过程为饱和液体的等焓降压过程，如图4—10所示的过程4—5。在该过程中，制冷剂工质由室温（T_k）高压（p_k）的饱和液体改变为低温（T_0）低压（p_0）、干度为 X_5 的湿蒸气。

$$h_5=h_4$$

4.蒸发过程无压降，无传热温差，如图4—10所示的过程5—1。在该过程中，制冷剂工质由干度为 X_5 的湿蒸气等压、等温吸热，干度不断增大，最终成为干饱和蒸气（$X_1=1$）。

$$p_1=p_5=p_0 \qquad T_0=T_L$$

必须指出，上述假设因节流过程中存在压降和过热蒸气冷却过程中存在传热温差两个不可逆因素，所以，理论制冷循环属于不可逆循环。尽管如此，理论制冷循环仍是一种不可逆因素最小的不可逆循环。

二、理论制冷循环的热力性能指标

1.单位质量制冷量

（1）定义

单位质量制冷量简称单位制冷量，是指在理论制冷循环中单位质量制冷剂在蒸发器中定压沸腾汽化时吸收的热量，常用 q_0 表示，单位是千焦/千克（kJ/kg）。

（2）计算公式

$$q_0=h_1-h_5 \tag{4—13}$$

（3）分析

在图4—11所示的单级蒸气压缩式制冷理论循环压焓图中，单位质量制冷量相当于过程线5—1在横轴上的投影，在图4—12所示的单级蒸气压缩式制冷理论循环温熵图中相当于 $1-5-S_5-S_1$ 的矩形面积。q_0 也可表达为：

$$q_0=r_0(1-X_5)^{①} \tag{4—14}$$

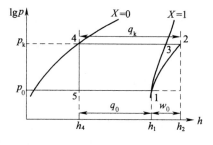

图4—11 单级蒸气压缩式制冷
理论循环压焓图

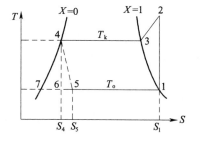

图4—12 单级蒸气压缩式制冷
理论循环温熵图

---

① r_0——在蒸发温度（T_0）下制冷剂的汽化潜热。

r_0 越大，且 X_5 越小，则 q_0 越大；反之则 q_0 越小。简单分析可知，单位质量制冷量与所选用的制冷剂种类和蒸发温度的高低等因素有关。

2. 单位容积制冷量

（1）定义

在循环中，制冷压缩机每吸取 $1\ m^3$ 的制冷剂回气，制冷剂在低温热源处吸走的热量称为单位容积制冷量，常用 q_v 表示，单位为千焦/米³（kJ/m^3）。

（2）计算公式

$$q_v = \frac{q_0}{v_1{}^{①}} = \frac{h_1 - h_5}{v_1} \qquad (4\text{—}15)$$

（3）分析

由于吸气比容 v_1 随蒸发温度的下降而增大，由式（4—15）可见，制冷剂种类和蒸发温度的高低等，也是影响单位容积制冷量的主要因素。

3. 单位理论功

（1）定义

制冷压缩机每次等熵压缩并循环 $1\ kg$ 制冷剂所消耗的机械功称为单位理论功，常用 w_0 表示，单位为千焦/千克（kJ/kg）。

（2）计算公式

$$w_0 = h_2 - h_1 \qquad (4\text{—}16)$$

（3）分析

单位理论功在图 4—11 所示的压焓图中，相当于过程线 $1-2$ 在横轴上的投影，在图 4—12 所示的温熵图中，相当于 $1-2-3-4-7-5-1$ 所围成的多边形面积。

由于在理论制冷循环中，节流元件代替了膨胀机，无膨胀功回收。所以，制冷压缩机所消耗的压缩功（w_{cop}）就是单位净功（w_{net}），即单位理论功（w_0）。

可以想见，不同制冷剂的等干线在压焓图中不可能处于同一位置。所以，参照图 4—11 进行分析，相同条件下（如相同压力），不同制冷剂的压缩起点 1 和压缩终点 2 的位置都有所不同，即 h_1 和 h_2 都不同。因此，根据式（4—16）可知，单位理论功（w_0）与所选用的制冷剂种类和循环的工作条件有关。

4. 单位冷凝器负荷

（1）定义

在循环中，制冷压缩机每输送 $1\ kg$ 制冷剂，制冷剂在冷凝器内等压冷凝时向高温热源放出的热量称为单位冷凝器负荷，常用 q_k 表示，单位为千焦/千克（kJ/kg）。

（2）计算公式

$$q_k = (h_2 - h_3) + (h_3 - h_4) = h_2 - h_4 \qquad (4\text{—}17)$$

（3）分析

单位冷凝器负荷在图 4—11 所示的压焓图中，相当于冷却冷凝过程线 $2-3$ 在横轴上的投影；在图 4—12 所示的温熵图中，相当于 $1-2-3-4-S_4-S_1-1$ 所围成的多边形面积。q_k 也可表达为：

---

① v_1—— 制冷剂回气的比容。

$$q_k = c_p (T_2 - T_3) + r_k^{①}$$

通过简单分析，还可以得到：$q_k = q_0 + w_0$

5. 单级理论制冷循环制冷系数

（1）计算公式

$$\varepsilon_0 = \frac{q_0}{w_0} = \frac{h_1 - h_5}{h_2 - h_1} \tag{4—18}$$

（2）分析

理论制冷循环的制冷系数不但与高温热源和低温热源的温度有关，还与循环所选用的制冷剂有关，这是理论制冷与理想制冷的重要区别之一。

6. 单级理论制冷循环的热力完善度

单级理论制冷循环的热力完善度 β_0 的计算公式如下：

$$\beta_0 = \frac{\varepsilon_0}{\varepsilon_c} = \frac{\dfrac{h_1 - h_5}{h_2 - h_1}}{\dfrac{T_L}{T_H - T_L}} = \frac{h_1 - h_5}{h_2 - h_1} \cdot \frac{T_L}{T_H - T_L} \tag{4—19}$$

§4—3　单级蒸气压缩式实际制冷循环

一、实际循环中影响制冷效率的主要因素

1. 吸气、压缩和排气过程

（1）压缩机吸入的是过热蒸气

蒸气压缩式制冷设备在工作时，由于高温热源和低温热源的温度会随着众多因素的改变而改变，为了保证不形成湿压缩，防止液击事故的发生，不得不让回气过热，即吸气温度要高于蒸发温度（$t_1 > t_0$）。这不但增大了系统的热负荷，也增大了吸气比容，降低了制冷剂的有效循环量。

（2）吸气压力低于蒸发压力

如图 4—13 所示为压缩机吸气时的情景，制冷剂回气必须克服吸气弹簧的拉力才能将吸气阀门打开，故吸气时的吸气压力低于蒸发压力，即 $p_1 < p_0$，它使得吸气比容增大。

（3）进入气缸的制冷剂温度进一步提高

低温制冷剂进入气缸后吸收缸壁热量，温度升高，比容进一步增大，有效输气量进一步减少。

（4）压缩过程既不等熵也不绝热

压缩初期制冷剂回气温度低于气缸壁温度，被吸入气缸的制冷剂吸收缸壁热量；压缩中期制冷剂处于准等温绝热状态；压缩后期制冷剂温度高于壁温，放热。所以，压缩过程是一个不可逆的热力过程，其表现出来的总的效应是熵增加，使制冷效率降低。

（5）排气压力高于冷凝压力

与吸气时的情况类似，被压缩后的高温高压制冷剂蒸气必须克服排气弹簧的压力才能将

---

① c_p——制冷剂过热蒸气在冷凝压力（p_k）下的定压比热。r_k——制冷剂在冷凝压力（p_k）下的汽化潜热。

排气阀门打开，故排气时排气压力要高于冷凝压力，即 $p_2 > p_k$，如图 4—14 所示为压缩机排气时的情景。

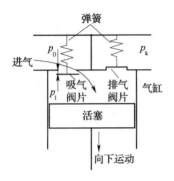

图 4—13　压缩机吸气时的情景

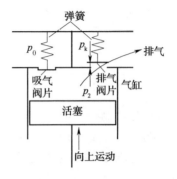

图 4—14　压缩机排气时的情景

压力差的存在本身就是一个不可逆因素，同时，还因在排气阀门开启过程中的节流降压作用，使得不可逆因素进一步增大，最终导致无效功耗增大。

另外，由于压缩机运动部件存在摩擦、压缩机高压部分与低压部分存在窜气泄漏（见图 4—15）、活塞式压缩机存在着余隙容积（见图 4—16）都会造成压缩机的实际输气量减少、不可逆因素增多，循环效率因此降低。

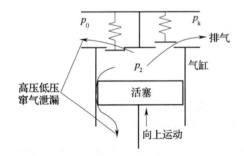

图 4—15　压缩机高压部分与低
　　　　　压部分存在窜气泄漏

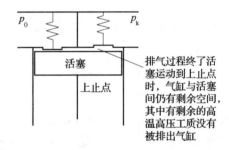

图 4—16　活塞式压缩机
　　　　　的余隙容积

2. 换热过程

（1）为了减少和杜绝制冷循环在节流过程中"闪发气体"的产生[1]，通常会人为地让制冷剂液在冷凝后进一步过冷；另外，为了防止液击事故的发生，需要人为地使制冷剂回气过热。这两项措施都增大了换热温差，使得不可逆因素增加，循环效率降低。

（2）在换热器中存在着"正常"的换热温差，同时，制冷剂在换热器和管道中循环时存在着流动阻力，并因此沿程产生压降，这些因素也会增大能耗，降低效率。

3. 节流过程

因为实际的节流过程并不能做到完全的绝热、等焓，节流后制冷剂的焓值会有所增加，如图4—17所示为制冷循环中的理论节流过程与实际节流过程的比较，可见实际的制冷量（q'_0）

---

① 在节流时，工质运动因受到较大的阻力而产生摩擦热，部分饱和液体因此汽化，使循环效率显著下降。

将小于理论制冷量（q_0）。

二、单级实际制冷循环热力过程分析

根据上面对实际循环中影响制冷效率主要因素的简要分析和比较，不难得到单级实际制冷循环的热力状态图。下面以图4—18所示的单级制冷系统基本组成为基础，对图4—19所示的单级实际制冷循环压焓图进行简要讲解。

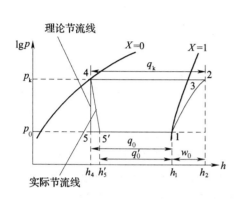

图 4—17　制冷循环中的理论节流过程
与实际节流过程的比较

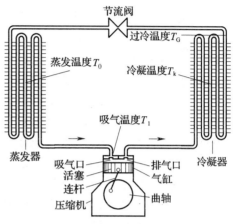

图 4—18　单级制冷系统基本组成

1—1′是制冷剂蒸气过热过程，它通常包括制冷剂在蒸发器内过热、回热器内过热、回气管和吸气管道内过热等，如图4—20所示。

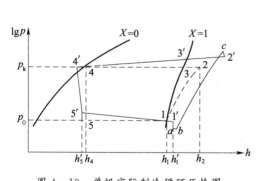

图 4—19　单级实际制冷循环压焓图

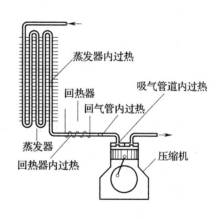

图 4—20　制冷剂蒸气过热过程

1′是制冷压缩机的吸气状态点。

1′—a 是制冷剂蒸气流过吸气阀时的节流过程，因制冷剂蒸气流过吸气阀时有节流作用，故有一些压力下降。由于时间很短，这个过程可视为等焓过程，即 $h_a = h'_1$。

a—b 是吸气过程，气缸内压力可近似为不变，即 $p_b = p_a$。但过程中回气吸收缸壁热量，焓值有所增加。

b—c 是实际压缩过程，此过程中工质的熵值有所增加，压缩终了压力高于冷凝压力（p_k）。

$c-2'$是以压缩后的高温高压制冷剂过热蒸气经排气阀进入排气管道的节流降压过程，此过程可以视为等焓过程，即 $h'_2 = h_c$。

$2'-3'$是高温高压制冷剂蒸气的放热降温过程，该过程中在降温的同时，沿程受到流动阻力，压力和焓值不断下降，至状态点 $3'$ 时成为干饱和蒸气。

$3'-4$是工质的放热液化过程，该过程中工质由干饱和蒸气逐渐成为饱和液体。由于在放热的同时沿程受到流动阻力，其焓值、压力和温度不断减小。

$4-4'$是饱和液体的过冷过程，该过程有时利用冷凝器实现，有时则需利用回热器或再冷却器来实现。由于在放热的同时沿程受到流动阻力，其焓值、压力和温度也不断减小。

$4'-5'$是制冷剂的实际节流降压过程，该过程中工质在压力下降的同时焓值略有增加，状态点 $5'$ 的压力略高于蒸发压力。

$5'-1$是制冷剂在蒸发器内的汽化吸热过程，制冷剂从低温热源吸收热量并由干度很小的湿蒸气成为干饱和蒸气。此过程中除因吸热焓值不断上升外，还因沿程受到流动阻力的影响使压力不断下降，且蒸发温度低于低温热源的温度。

从上述分析可以看出，实际制冷循环难以直接用先前建立的理论制冷循环的模型来进行热力分析。为解决这个问题，必须对实际制冷循环进行简化和归纳，先剔除一些对大局无关紧要的细枝末节，使实际制冷循环接近理论制冷循环，以便借助现存的理论、公式和结论等来分析讨论实际的制冷循环，最后根据经验进行适当的修正，以使对实际制冷循环的分析和讨论更为准确，更贴近实际应用。

三、单级实际制冷循环的简化

根据各因素对实际制冷循环影响的大小，一般采用如下办法对实际制冷循环进行简化和修正：

1. 忽略换热设备和管道对制冷剂的流动阻力及其引起的压降等不可逆因素。这个问题可通过完善制冷工艺得到解决或改善。

2. 忽略节流时制冷剂与环境之间的换热问题，仍将实际节流视为绝热等焓过程。

3. 认为蒸发温度和冷凝温度恒定不变。

4. 考虑制冷剂与高温热源和低温热源之间的传热温差，但将其归属到制冷循环热力完善度中去讨论。

5. 考虑制冷循环中的回气过热和液体过冷现象。

6. 将因实际制冷压缩机产生的、与理论制冷循环不吻合的各种复杂因素，简化为吸气压力（p_1）等于蒸发压力（p_0），排气压力（p_2）等于冷凝压力（p_k）的简单不可逆增熵过程。

简化后的单级实际制冷循环可用图 4—21 所示的压焓图来描述。

$1-1'$为回气过热过程，$1'$ 是制冷压缩机的吸气状态点。

$1'-2'$为增熵压缩过程，$2'$ 既是排气状态点，又是高温高压过热蒸气进入冷凝器时的状态点。

$2'-3-4$为制冷剂在冷凝压力下的等压冷凝过程。

$4-5$为制冷剂过冷过程。

$5-6$为制冷剂的等焓节流过程。

$6-1$为制冷剂在蒸发压力下的等压汽化过程。

事实证明，实际制冷循环通过上述处理后，在方便、简化了热力分析和计算的同时并未产生较大的误差。

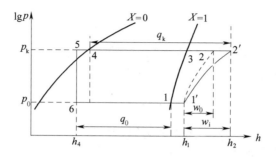

图 4—21　简化后的单级实际制冷循环压焓图

四、单级蒸气压缩式实际制冷循环的热力性能指标

1. 输气量

（1）理论输气量（参见图 4—22 所示的气缸剖面图分析）

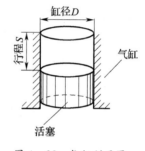

图 4—22　气缸剖面图

$$V_h = \frac{\pi}{240} D^2 S n Z \, (\text{m}^3/\text{s}) \qquad (4—20)$$

式中：D 为气缸直径，S 为活塞行程，n 为压缩机转速，Z 为压缩机气缸数。

（2）实际输气量

$$V_s = \lambda V_h \, (\text{m}^3/\text{s}) \qquad (4—21)$$

式中：$\lambda = \lambda_v \lambda_p \lambda_t \lambda_l$；$\lambda_v$ 为容积系数，来自余隙容积的影响；λ_p 为压力系数，来自吸、排气压力损失的影响；λ_t 为温度系数，来自换热的影响；λ_l 为气密系数，来自高低窜气的影响。

（3）循环量

$$G = \frac{V_s}{v'_1} \qquad (4—22)$$

式中：v'_1 为制冷压缩机的吸气比容。

2. 制冷量

（1）单位制冷量

$$q_0 = h_1 - h_6 \, (\text{kJ/kg}) \qquad (4—23)$$

（2）单位容积制冷量

$$q_v = \frac{q_0}{v'_1} = \frac{h_1 - h_6}{v'_1} \, (\text{kJ/m}^3) \qquad (4—24)$$

（3）制冷量

$$Q_o = G q_0 \qquad (4—25)$$

3. 单位理论功和理论功率

（1）单位理论功

$$w_0 = h_2 - h'_1 \, (\text{kJ/kg}) \qquad (4—26)$$

（2）理论功率

$$N_0 = Gw_0 \qquad (4-27)$$

4. 热负荷

（1）单位冷凝器热负荷

$$q_k = h'_2 - h_4 (kJ/kg) \qquad (4-28)$$

（2）冷凝器热负荷

$$Q_k = Gq_k \qquad (4-29)$$

（3）过冷器热负荷

$$Q_{sc} = G(h_4 - h_5) \qquad (4-30)$$

5. 制冷系数和热力完善度

（1）制冷系数

$$\varepsilon = \frac{q_0}{w_s} = \frac{h_1 - h_6}{h_2 - h'_1} \eta_e = \varepsilon_0 \eta_e \qquad (4-31)$$

式中：η_e 为绝热效率。

（2）热力完善度

$$\beta = \frac{\varepsilon}{\varepsilon_c} = \frac{\varepsilon_0 \eta_e}{T_L / T_H - T_L} \qquad (4-32)$$

第五章 多级蒸气压缩式制冷、复叠式制冷、混合工质制冷循环

§5—1 多级蒸气压缩式制冷循环

一、采用多级蒸气压缩式制冷循环的原因

1. 单级蒸气压缩式制冷循环的局限性

由湿蒸气的热力性质可知，确定的制冷剂的冷凝压力与冷凝温度、蒸发压力与蒸发温度存在着一一对应的关系。因此，为了获得较低的蒸发温度，必须降低蒸发压力。这对于单级蒸气压缩式制冷来说，因冷凝温度受环境制约，冷凝压力变化不大，因此蒸发压力的降低必将导致制冷压缩机的压缩比（$p_k : p_0$）增大。如果压缩比超过一定限度，将会带来以下一系列的问题。

（1）余隙容积影响增大

随着压缩比的增大，排气结束时余隙容积内的高压制冷剂在吸气时膨胀所占据的气缸容积越来越多，能吸入的回气越来越少。实践表明，当压缩比大于 20 后，普通活塞式压缩机的容积系数几乎为零，基本失去吸入低压制冷剂回气的能力。

（2）排气温度升高，影响正常运行

排气温度升高后，主要会产生如下不利因素：

1）使润滑油变稀，黏度下降，导致润滑条件恶化。

2）排气温度超过润滑油的闪点后，易炭化而堵塞油路。

3）易使润滑油挥发，随制冷剂进入换热器管道，并积聚成油膜，影响换热。

4）润滑油与制冷剂易在高温下慢性分解，产生不凝性气体，使冷凝压力升高、增大冷凝负荷、产生易燃易爆的氢气，增大运行的危险性。

（3）实际功耗增加

压缩过程偏离等熵程度增大，实际功耗增加，制冷系数下降，如图 5—1 所示。

（4）节流损失增大，制冷能力下降

如图 5—2 所示，压缩比较大时，节流后的制冷剂干度（X_5）较大，根据公式 $q_0 = r_0 (1 - X_5)$ 或图中制冷量的比例大小可知循环时单位制冷能力下降。

可见，制冷压缩机的压缩比不能过大。在一般工作条件下，现代活塞式单级制冷压缩机的压缩比不超过 8～10。其中，氨制冷压缩机因氨的绝热指数较大，压缩比不大于 8；氟利昂压缩机的压缩比不大于 10。表 5—1 列出了常见的中温中压制冷剂应用在单级活塞式制冷下的最低蒸发温度。

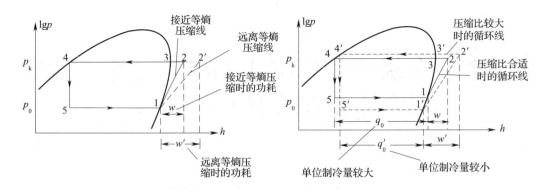

图 5—1 偏离等熵压缩时实际功耗增大　　　图 5—2 压缩比较大时功耗增大、制冷量下降

表 5—1　　　　常见的中温中压制冷剂应用在单级活塞式制冷下的最低蒸发温度

冷凝温度（℃）		30	35	40	50
最低蒸发温度（℃）	R502	−39	−36	−34	−29
	R134a	−32	−29	−25	−20
	R717	−25	−22	−20	/

由表 5—1 可见，单级蒸气压缩式制冷的蒸发温度一般只能达到 −30 ～ −20 ℃，−40 ℃ 已经到了极限。如果需要更低的温度并具有不太低的工作效率，则需采用多级压缩式制冷循环或复叠式制冷循环。

2. 采用多级蒸气压缩式制冷循环的优点

采用多级蒸气压缩式制冷循环来获取低温，能够避免或减少单级蒸气压缩式制冷循环中由于压缩比过大所引起的一系列不利因素，从而改善制冷压缩机的工作条件，提高制冷效率。具体优点如下：

（1）可降低各级压缩比，减小活塞式制冷压缩机的余隙容积影响，减少制冷剂回气与气缸壁间的热交换，减少制冷剂在压缩过程中的窜气泄漏，提高制冷压缩机的输气系数，从而增大制冷量。

（2）可降低各级的排气温度，减小压缩过程中的不可逆损失，保证设备更加高效、安全地运行。

（3）可降低各级的压力差，使运行的平衡性能提高、机械摩擦和磨损减小。有利于简化设计和降低成本。

（4）可减少节流损失，提高制冷效率。

二、两级蒸气压缩式制冷循环

根据节流的级数和中间冷却方式的不同，两级蒸气压缩式制冷循环有下列几种基本形式：

一次节流中间完全冷却两级压缩式制冷循环、一次节流中间不完全冷却两级压缩式制冷循环、一次节流中间完全不冷却两级压缩式制冷循环、二次节流中间完全冷却两级压缩式制冷循环、二次节流中间不完全冷却两级压缩式制冷循环。

下面就常见的几种两级压缩式制冷循环进行简要的讲解和分析，其他的基本结构和原理相类似。

1. 一次节流中间完全冷却两级压缩式制冷循环

（1）系统基本组成

如图 5—3 所示，一次节流中间完全冷却两级压缩式制冷系统主要由低压级压缩机、高压级压缩机、冷凝器、中间冷却器、节流阀和蒸发器等设备组成。

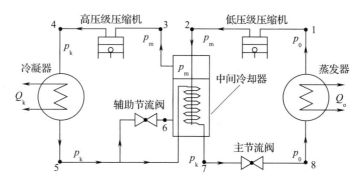

图 5—3　一次节流中间完全冷却两级压缩式制冷系统基本组成

（2）基本工作原理

低压级制冷压缩机吸入来自蒸发器的低温低压（t_0，p_0）制冷剂回气，压缩成为中间压力（p_m）的过热蒸气后排出，再经管道送到中间冷却器。在中间冷却器中，该过热蒸气与原冷却器中的制冷剂饱和液体混合，并被冷却成为温度是 t_m（与中间压力 p_m 对应）的干饱和蒸气，之后，被吸入高压级压缩机中并被再次压缩至压力 p_k（冷凝压力）。经过两级压缩的制冷剂过热蒸气排入冷凝器等压冷却冷凝成饱和液体，然后分成两路：少部分经辅助节流阀降压至中间压力 p_m 后进入中间冷却器汽化吸热，用来冷却低压级压缩机排出的蒸气和中间冷却器盘管内的高压液体，最终与从低压级排出的被冷却的饱和蒸气一同进入高压级压缩机，继续压缩成高压蒸气；大部分流入中间冷却器的盘管，进行进一步冷却，最终经主节流阀节流降压至 p_0，进入蒸发器汽化并吸收被冷却系统的热量。

（3）热力过程压焓图及其简要分析（见图 5—4）

1—2 过程为低压级压缩机的等熵压缩过程。

2—3 过程为一次压缩后制冷剂蒸气在中间冷却器中冷却为饱和蒸气的过程。

3—4 过程为高压级压缩机的等熵压缩过程。

4—5 过程为高压制冷剂蒸气等压冷却冷凝过程。

5—6 过程为小部分制冷剂液体经辅助节流阀降压至中间压力的过程。

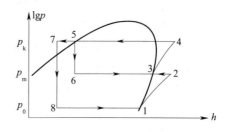

图 5—4　一次节流中间完全冷却两级压缩式制冷循环压焓图

6—3 过程为中间压力（p_m）的制冷剂液体吸热蒸发为饱和蒸气的过程。

5—7 过程为高压制冷剂液体在中间冷却器过冷过程。

7—8 过程为制冷剂液体由高压 p_k 节流降压至低压 p_0 的过程。

8—1 过程为制冷剂液体在蒸发器中吸热汽化的过程。

一次节流中间完全冷却两级压缩式制冷循环较适用于大型氨制冷系统。

2. 一次节流中间不完全冷却两级压缩式制冷循环

（1）系统基本组成

一次节流中间不完全冷却两级压缩式制冷系统的基本组成与一次节流中间完全冷却两级压缩式制冷系统的基本相同，只是低压级压缩机、中间冷却器和高压级压缩机三者之间的相互连接有所变化，如图5—5所示。

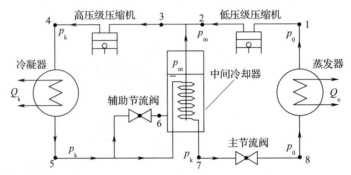

图5—5　一次节流中间不完全冷却两级压缩式制冷系统的基本组成

（2）基本工作原理

与一次节流中间完全冷却两级压缩式制冷系统工作原理的主要区别在于，低压级压缩机排出的中间压力（p_m）的蒸气不再进入中间冷却器，而是与来自中间冷却器产生的饱和蒸气在管路中混合，然后一同进入高压级压缩机。因此，高压级压缩机吸入的是中间压力下的过热蒸气，而不再是饱和蒸气，这就是"中间不完全冷却"。

一次节流中间不完全冷却两级压缩式制冷循环与一次节流中间完全冷却两级压缩式制冷循环的理论热力过程相似，不同的地方只是中间冷却器冷却过程。对于中间完全冷却，2—3过程为制冷剂蒸气在中间冷却器中冷却成饱和蒸气的过程，3—4过程为高压级压缩机的等熵压缩过程；对于中间不完全冷却循环，2—3和6—3为管道中的混合过程，而3—4为高压级压缩机的压缩过程，如图5—6所示。

3. 二次节流中间完全冷却两级压缩式制冷循环

二次节流中间完全冷却两级压缩式制冷循环也是常见的制冷循环形式。但二次节流循环一般不适用于活塞式和螺杆式压缩机制冷系统，却适用于离心式压缩机制冷系统，而中间完全冷却方式通常只适合氨制冷系统。

（1）系统基本组成（见图5—7）

（2）基本工作原理

低压级压缩机吸取来自蒸发器的低压（p_0）制冷

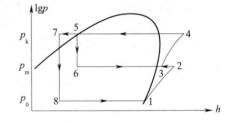

图5—6　一次节流中间不完全冷却两级压缩式制冷循环压焓图

剂回气，并将其压缩成压力为p_m（中间压力）的过热蒸气后排入中间冷却器。该过热蒸气在中间冷却器中被完全冷却到中间压力下的干饱和蒸气后，再被高压级压缩机吸入并压缩到冷凝压力（p_k）后送入冷凝器等压冷凝为饱和液体。该饱和液体经节流阀A节流降压到中间压力后进入中间冷却器，其中一小部分吸收来自第一级过热蒸气的热量而汽化，并与第一级冷却后的饱和蒸气一起进入第二级循环；而大部分经节流阀 B 再次节流降压到蒸发压力（p_0）后进入蒸发器吸热制冷。

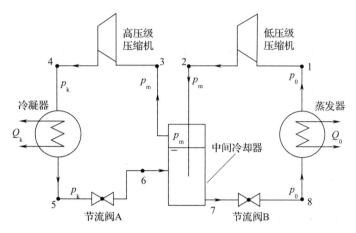

图 5—7　二次节流中间完全冷却两级压缩式制冷系统基本组成

二次节流中间完全冷却两级压缩式制冷循环压焓图如图 5—8 所示。

三、两级压缩式制冷循环中间压力的确定

如何确定中间压力或中间温度，是两级蒸气压缩式制冷循环的一个重要问题。最佳中间压力或最佳中间温度以循环能获得最高制冷效率为基本原则，它的准确选定对循环的制冷系数，压缩机的输气量、功耗和结构等都有直接的影响。

中间压力或中间温度的确定有多种方法，这里简要讲解两种。

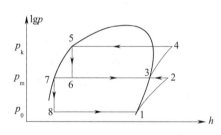

图 5—8　二次节流中间完全冷却两级压缩式制冷循环压焓图

1. 比例中项计算法

最佳中间压力：
$$p_m = \sqrt{p_0 p_k} \tag{5—1}$$

比例中项计算法是基于许多理想情况根据热力学理论推导得到的，实际应用时应进行一定的修正。

2. 经验公式计算法

最佳中间温度：
$$t_m = 0.4t_k + 0.6t_0 + 3 \ (\text{℃}) \tag{5—2}$$

除了上述两种方法外，中间压力或中间温度的确定还有最大制冷系数法、容积比插值法、经验线图法等。

§5—2　复叠式制冷循环

一、采用复叠式制冷循环的原因

1. 多级蒸气压缩式制冷循环的局限性

通过前面的学习可以知道，可采用多级压缩式制冷循环来获得 -80 ℃以上的低温，但

是当需要制取更低的温度时，由于冷凝温度（受控于环境温度）与蒸发温度相差过大，多级压缩式制冷循环因出现下列问题也不再胜任。

（1）为利用常温的介质（水或空气）冷凝，必须使用中温制冷剂，而降低蒸发温度常受到中温制冷剂凝固点的限制。例如，氨的凝固温度为 $-77.7\ ℃$，当要求制取 $-77.7\ ℃$ 以下的低温时，在蒸发器中的制冷剂氨将因温度低于其凝固点而变成固体，因而失去流动性使制冷循环停止。

（2）对于中温制冷剂来说，过低的蒸发温度必然要求过低的蒸发压力，而过低的蒸发压力不仅会使压缩机基本甚至完全失去吸气功能，还会增大环境空气渗入系统的机会，使制冷系统不能正常工作。

（3）对于中温制冷剂来说，过低的蒸发压力使蒸气比容过大，导致系统内制冷剂的循环量过少，设备制冷能力急剧下降。为了获得所需的冷量，只得加大气缸容积，使得压缩机体积庞大且功耗增大。

（4）虽然可以采用低温制冷剂，但因低温制冷剂的临界点非常接近甚至低于室温（如低温制冷剂 R13 的临界温度为 $28.8\ ℃$），而无法用常温的介质来冷凝液化。

2. 为使用低温制冷剂创造冷凝条件

制取较低温度时，低温制冷剂除不能用常温的介质冷凝外，在其他方面具有用其他类型的制冷剂无可比拟的优势。那能不能如图5—9所示，用另一套制冷设备为低温制冷循环创造一个低温的冷却冷凝环境呢？复叠式制冷循环正是基于这样的设想产生的。

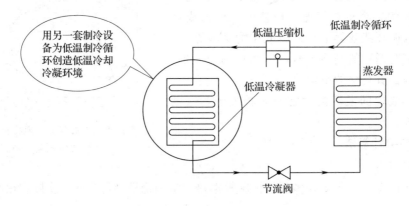

图5—9 为低温制冷循环创造低温冷却冷凝环境

二、复叠式制冷循环

复叠式制冷循环是用两种或两种以上不同的制冷剂，分别组成两个或两个以上相互独立的单级（或两级）压缩式制冷循环，并把它们合成为一个系统进行制冷循环，从而获得 $-130\sim-80\ ℃$ 的低温。

1. 复叠式制冷循环的常见形式

（1）由两个单级压缩式制冷循环组成的二元复叠式制冷循环。

（2）由一个两级压缩式制冷循环和一个单级压缩式制冷循环组成的二元复叠式制冷循环。

（3）由三个单级压缩式制冷循环组成的三元复叠式制冷循环。

可以根据制冷温度和服务对象等不同采用不同的组合，例如，制冷温度在 $-110\sim$

－80 ℃之间可采用由一个两级压缩式制冷循环和一个单级压缩式制冷循环组成的二元复叠式制冷循环；制冷温度在－130～－110 ℃之间可采用由三个单级压缩式制冷循环组成的三元复叠式制冷循环。另外，复叠式制冷循环不仅可以采用不同的制冷剂，还可以采用不同的制冷方法，例如低温部分用蒸气压缩式制冷循环，而高温部分用吸收式制冷循环等方法。

下面以两个单级压缩式制冷循环组成的二元复叠式制冷循环系统为例，说明它们的组成及工作过程。

2. 系统基本组成

二元复叠式制冷循环的基本组成如图 5—10 所示，它由两个独立的制冷系统组合而成：一个是高温制冷系统，它通常采用中温中压制冷剂；一个是低温制冷系统，它通常采用低温高压制冷剂。高温部分的蒸发器与低温部分的冷凝器制作成一体，称为蒸发冷凝器。蒸发冷凝器在阻止高温部分与低温部分之间制冷剂交换的同时，实现两部分之间的热量交换，使高温部分的蒸发器工作时为低温部分的冷凝器工作创造低温冷凝的放热环境。本制冷循环系统可制取－80～－60 ℃的低温。

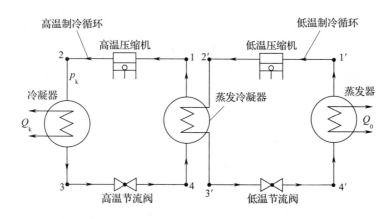

图 5—10　二元复叠式制冷循环的基本组成

3. 循环过程压焓图

高温部分与低温部分循环过程压焓图分别如图 5—11、图 5—12 所示。

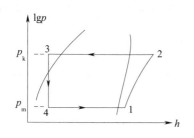

图 5—11　高温部分循环过程压焓图

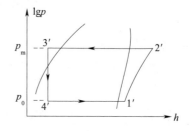

图 5—12　低温部分循环过程压焓图

三、复叠式制冷循环实际应用中的几个问题

1. 中间温度的确定

在复叠式制冷循环中，每个中间温度都涉及两个温度，即高温部分（吸热部分）制冷剂

的蒸发温度 t_{OH} 和低温部分（放热部分）制冷剂的冷凝温度 t_{KL}，这两个温度一般相差 5～10 ℃，并且 $t_{OH}<t_{KL}$。虽然中间温度的确定以能使循环的制冷系数最大和各压缩机的压缩比大致相等为原则，但因为中间温度在一定的范围内变化时，制冷系数受到影响不大，所以一般按各级压缩比大致相等来确定中间温度。

2. 膨胀容器的设置

由于复叠式制冷机的低温级采用了低温制冷剂，当系统停止工作时，在室温下低温制冷剂将全部汽化为饱和蒸气或过热蒸气，相应的饱和气压很高，一般在 30 MPa 以上，已超出低压容器和制冷压缩机的限压范围。因此，如图 5—13 所示，通常在复叠式制冷系统的低温部分增设膨胀容器，使得停机后低温制冷剂进入膨胀容器而降低系统压力。一般要求当环境温度为 40 ℃时，系统停止工作，气体膨胀后压力不超过 10 MPa。

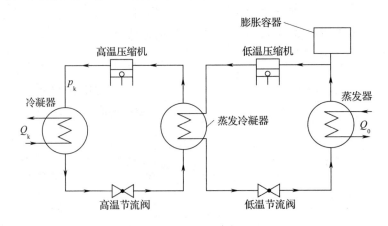

图 5—13　在复叠式制冷系统的低温部分增设膨胀容器

3. 启动和运转

复叠式制冷系统的启动和运行与单级压缩系统有所不同，为了保证低温部分循环能正常工作，两个压缩机不能同时启动。应首先让高温部分压缩机启动，工作一段时间后中间温度降到足以使低温部分冷凝时（低温制冷剂此时的冷凝压力低于 16×10^5 Pa），再启动低温部分压缩机。压缩机运行时有两种方式：一种是高温部分压缩机连续运转，低温部分压缩机间歇运转；另一种是系统运行后，当低温部分的蒸发器达到预定低温时，高、低温部分的压缩机同时停车。

4. 回热和过热冷却措施

为提高复叠式制冷设备的工作效率，在复叠式制冷中经常采用回热和过热冷却措施，如图 5—14 所示。

四、复叠式制冷循环的特点

1. 在制取同样冷量的要求下，复叠式制冷的低温部分制冷压缩机的理论输气量比两级压缩时低压级制冷压缩机的理论输气量小得多，使得整个机组的制冷压缩机尺寸减小、重量减轻。

2. 在复叠式制冷中，每台制冷压缩机的工作压力范围比较适中，低温部分制冷压缩机的输气系数及实际效率都有所提高，摩擦功率减少，制冷系数提高。

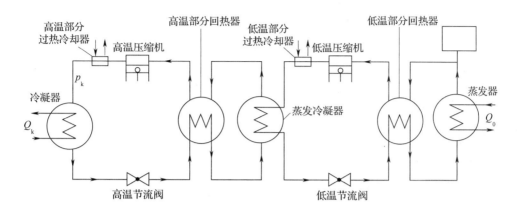

图 5—14　在复叠式制冷中经常采用回热和过热冷却措施

3. 在复叠式制冷中，两部分系统内能保持正压，空气不易漏入，运行的稳定性较好。

4. 复叠式制冷循环一般需采用蒸发冷凝器、膨胀容器、气液热交换器等设备，并需采用多元制冷剂，系统较为复杂。

§5—3　混合工质制冷剂制冷循环

一、劳伦兹循环及其指导意义

在实际工程中，高温热源和低温热源的热容量往往是有限的，在与制冷工质热量交换过程中，高温热源和低温热源的温度一般会发生变化。被冷却系统的温度在逐渐下降，而环境介质的温度在逐渐上升，形成了变温条件下的制冷循环。

如果在变温热源中采用恒定的蒸发温度 T_0、冷凝温度 T_k 去执行制冷循环，必然会增大制冷剂与高温热源、低温热源之间的传热不可逆耗散，使制冷循环的工作效率下降。为了减少这种传热的不可逆耗散，应采用能使蒸发温度和冷凝温度随高温热源和低温热源的温度变化而变化的制冷循环，这就是变温热源制冷循环过程。这种循环理论是由劳伦兹提出的。

劳伦兹循环过程温熵图如图 5—15 所示，它是由两个可逆等熵过程和两个可逆多变换热过程组成的逆向循环。其循环以内部可逆为前提，系统与外界换热时的蒸发温度、冷凝温度的变化始终与冷却介质、被冷却介质的温度变化同步，而且传热温差为无限小。

在劳伦兹循环中，1—2 为等熵压缩过程，2—3 为传热温差无限小的向高温热源可逆变温放热过程，3—4 为可逆等熵膨胀过程，4—1 为传热温差无限小的从低温热源可逆变温吸热过程。劳伦兹循环属可逆逆向循环，其制冷系数是相同条件下的所有变温热源逆向循环中最高的。

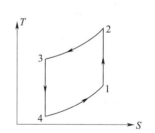

图 5—15　劳伦兹循环过程温熵图

劳伦兹循环是变温热源条件下的理想制冷循环，它虽与逆向卡诺循环一样在实际工程中不能实现，但对变温热源条件下的逆向循环提出了提高制冷效率、解决实际制冷循环中出现的问题具有指导意义。

二、混合制冷剂单级压缩理论制冷循环

1. 混合制冷剂单级压缩制冷系统的基本组成

混合制冷剂单级压缩制冷系统也由压缩机、冷凝器、节流阀、蒸发器等组成，如图5—16所示，它使用的制冷剂为非共沸溶液类。其理论制冷循环过程温熵图如图5—17所示，1—2为制冷压缩机等熵压缩过程，2—3—4为等压降温冷却冷凝过程，4—5是混合制冷剂等焓节流过程，5—1是制冷剂在蒸发器内等压升温汽化吸热过程。

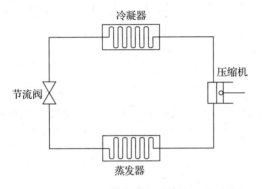

图 5—16　混合制冷剂单级压缩制冷
系统的基本组成

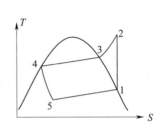

图 5—17　混合制冷剂单级压缩理
论制冷循环过程温熵图

2. 混合制冷剂单级压缩制冷循环热力过程的简要分析

（1）压缩过程

制冷剂在压缩机中进行等熵压缩，压缩过程中混合制冷剂中的不同组分均处于气相且浓度不变，由蒸发压力下的干饱和蒸气压缩至冷凝压力下的过热蒸气。

（2）冷却冷凝过程

在冷却过程中，混合制冷剂由过热蒸气等压冷却为干饱和蒸气，此时其浓度不变并进入到两相区间。

在冷凝过程中，气液两相组分的浓度发生变化，高沸点制冷剂首先被冷凝，气相中高沸点制冷剂含量减少，浓度下降，而液相中高沸点组分的浓度增高，并伴随着等压下混合制冷剂的冷凝温度的逐渐降低，这个过程被称为变温冷凝过程。

（3）节流过程

节流过程为等焓节流过程，制冷剂由冷凝压力降压为蒸发压力。

（4）蒸发过程

进入蒸发器的制冷剂，在蒸发压力下吸收低温热源的热量，其中低沸点的制冷剂先汽化，使气相中低沸点组分的浓度逐渐增大。等压下混合制冷剂的蒸发温度逐渐升高，这个过程是变温蒸发过程。

3. 混合制冷剂单级压缩制冷循环的工作特性

（1）混合制冷剂制冷循环只有在变温条件下工作才能具有较大的制冷系数，而在恒温条件下的制冷循环不但不能节能，反而会增大不可逆因素，使效率降低。

（2）为有效提高混合制冷循环的制冷系数，蒸发器中的制冷剂与被冷却介质的流向、冷凝器中的制冷剂与冷却介质的流向必须相反。

（3）混合制冷剂应保持预定的浓度才能表现出优良的性能。所以，要求系统密封，不能有制冷剂泄漏，同时要定时检测制冷剂浓度的变化，确保系统正常、高效率地运行。

三、混合制冷剂单级压缩实际制冷循环

在实际制冷中，采用中温制冷剂和低温制冷剂相混合的制冷剂时，为减少制冷压缩机的压力比和便于低温制冷剂的冷凝，常采用高沸点的中温制冷剂节流汽化吸热，使得低沸点低温制冷剂蒸气冷凝成液体，这个过程被称为分凝过程。下面介绍单级压缩单级分凝式混合制冷剂制冷循环的工作原理。

1. 单级压缩单级分凝式混合制冷剂实际制冷系统的基本组成

如图 5—18 所示，单级压缩单级分凝式混合制冷剂实际制冷系统主要由压缩机、冷凝器、高压储液器、低压储液器、蒸发冷凝器、回热器、节流阀、蒸发器等设备组成，并采用中温制冷剂和低温制冷剂混合成非共沸溶液制冷剂。

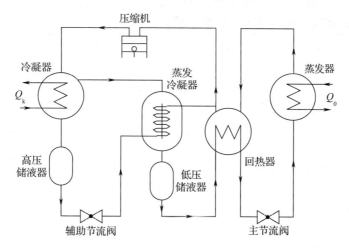

图 5—18　单级压缩单级分凝式混合制冷剂实际制冷系统的基本组成

2. 单级压缩单级分凝式混合制冷剂实际制冷循环工作原理

制冷压缩机吸入压力为 p_0（蒸发压力）的混合制冷剂回气，并将其压缩至 p_k（冷凝压力）后排入冷凝器。在冷凝器中，大部分中温制冷剂和少量的低温制冷剂被冷凝成饱和液体，而大部分低温制冷剂和少量的中温制冷剂蒸气只是被冷却，混合制冷剂被分凝出来。被冷凝成饱和液体的制冷剂进入高压储液器，这部分液体经辅助节流阀降压送入蒸发冷凝器中汽化吸热成饱和蒸气。而在冷凝器中未被冷凝的大部分低温制冷剂和少量的中温制冷剂蒸气从另一管路引入蒸发冷凝器，放热冷凝成饱和液体并进入低压储液器中。低压储液器中的制冷剂液体经回热器过冷，再经主节流阀降压至 p_0，然后送入蒸发器中等压变温汽化吸取低温热源的热量。在蒸发器中汽化的制冷剂蒸气经回热器过热后与蒸发冷凝器中的制冷剂蒸气相混合，制冷剂浓度恢复原始状态后被吸入制冷压缩机继续循环。主要的热力循环过程如下：

（1）压缩过程

混合制冷剂蒸气由低压蒸气压缩成高压制冷剂蒸气，消耗机械功。

（2）冷却冷凝过程

混合制冷剂放热冷却冷凝。在冷却冷凝的两相状态中，液相、气相各组分浓度发生变化，高沸点制冷剂大部分被冷凝，低沸点制冷剂大部分只是被冷却。

（3）分凝过程

在冷凝器中用普通的冷却介质水或空气将大部分的中温制冷剂冷却冷凝为液体，使得大部分中温制冷剂液体与低温制冷剂气体分离。再通过蒸发冷凝器用冷凝下来的混合制冷剂液体（大部分中温制冷剂液体）节流汽化吸热使低温制冷剂混合蒸气冷却冷凝为液体。

（4）节流过程

低温混合制冷剂液体经节流降压后成为蒸发压力的制冷剂液体。

（5）蒸发过程

低温混合制冷剂在蒸发器中吸热汽化。

（6）混合过程

来自冷凝蒸发器的混合制冷剂蒸气（大部分中温制冷剂和小部分低温制冷剂蒸气）与来自蒸发器的混合制冷剂蒸气（大部分低温制冷剂和小部分中温制冷剂蒸气）等压混合后成为原始浓度的制冷剂蒸气，随后进入压缩机压缩。

第六章 吸收式制冷循环

前面较为详细地介绍了各种蒸气压缩式制冷循环，这类制冷方式以消耗高品位的能量——电能（或者说由电能转换成的机械能）作为逆向循环的补偿，耗电量较大。本章要讲解的吸收式制冷虽然也属于相变制冷，却以消耗低品位的热能作为循环的补偿。压力在0.03 MPa以上的低压工业余气、温度为60 ℃的工业废水、地热等都可以作为吸收式制冷循环的补偿，甚至可以直接利用太阳能。因此，在能源越来越紧张以及含氯氟利昂制冷剂被禁用的情况下，吸收式制冷得到越来越多的应用。

关于吸收式制冷的基本原理在第二章里已进行了简要介绍，本章重点讲解吸收式制冷中的工质对和溴化锂吸收式制冷的热力循环。

§6—1 溶液及其特性

如图6—1所示，吸收式制冷循环是依靠溶液的正循环来实现制冷剂的逆循环的，其工作原理已在第二章讲述，本节主要分析吸收式制冷循环的溶液及其特性。

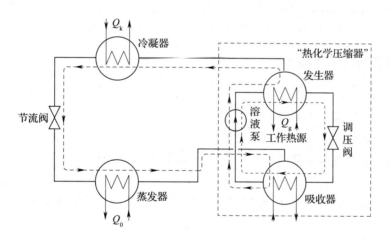

图6—1 吸收式制冷基本原理图

一、溶液及其浓度

1. 溶液、溶质和溶剂

溶液是指由两种或两种以上的物质均匀混合而成的液体。在溶液中，习惯上把占比例较大的组分叫溶剂[①]，而把其他的组分叫溶质。

[①] 当气体或固体溶解于液体时，不管彼此间的相对含量如何，通常把液体称为溶剂，而把气体或固体称为溶质。

2. 溶液的浓度

（1）质量分数

质量分数是溶液中某组分的质量与溶液的质量之比。如果某种溶液由多种物质均匀混合而成，其中组分 1 的质量为 m_1，组分 2 的质量为 m_2，组分 i 的质量为 m_i，总质量为 M，则：

组分 i 的质量分数：
$$\xi_i = \frac{m_i}{m_1 + m_2 + \cdots + m_n} = \frac{m_i}{M}$$

显然：
$$\xi_1 + \xi_2 + \cdots + \xi_n = 1 \tag{6—1}$$

（2）摩尔浓度

摩尔浓度是溶液中某组分的摩尔数与溶液的摩尔数之比。如果某种溶液由多种物质均匀混合而成，其中组分 1 的摩尔数为 n_1，组分 2 的摩尔数为 n_2，组分 i 的摩尔数为 n_i，总摩尔数为 N，则：

组分 i 的摩尔浓度：
$$\chi_i = \frac{n_i}{n_1 + n_2 + \cdots + n_n} = \frac{n_i}{N}$$

显然：
$$\chi_1 + \chi_2 + \cdots \chi_n = 1 \tag{6—2}$$

二、溶解热

物质的溶解过程是一个复杂的物理、化学过程，一般情况下物质相互溶解时不但会产生体积的变化，还会伴随着热量的吸收或放出。

各组分溶解成溶液时，为保持原来温度，所应吸收或放出的热量称为溶解热。溶解时若需吸收热量，则溶解热为正；溶解时若要放出热量，则溶解热为负。

三、理想溶液及拉乌尔定律

1. 理想溶液

理想溶液是指满足下列条件的溶液：

（1）各组分无论什么比例均能彼此均匀相溶。

（2）各组分混合时既无热效应，也没有容积变化，即溶液的体积是各组分混合前的体积之和。

必须指出，虽然现实中真正的理想溶液并不存在，但当溶液的浓度很低时，可把它看作理想溶液。

2. 拉乌尔定律

对于多元液体，当溶液与蒸气平衡共存时，溶液表面上部某组分 i 的分压力 p_i 就是该组分的饱和蒸气压。如果溶液中的所有组分都是挥发性的，则溶液表面上部空间中总蒸气压力 p 就等于各组分蒸气分压力之和，即 $p = p_1 + p_2 + \cdots + p_n = \sum p_i$。

对于理想溶液，拉乌尔根据实验测得某组分的蒸气分压力与该组分的摩尔浓度成正比。即：

$$p_1 = p_i^o \chi_i = p_i^o \frac{n_i}{N} \tag{6—3}$$

式中：p_i^o 为在与溶液相同温度下，组分 i 单独存在时的饱和蒸气压力。

§6—2 吸收式制冷循环的工质与工质对

一、吸收式制冷循环工质的选择

1. 对制冷剂的要求

在吸收式制冷中，对制冷剂的选择要求与蒸气压缩式中的相似：

（1）单位容积制冷量要大。

（2）工作压力不要太高或太低。

（3）无毒，无腐蚀性，化学稳定性好，不易燃、不易爆。

（4）价廉，易获得。

2. 对吸收剂的要求

（1）吸收（制冷剂的）能力强

吸收能力越强，则设备所需要的吸收剂循环量就越少，发生器工作热源的加热量、在吸收器中冷却介质带走的热量以及溶液泵的消耗功率就越少。

（2）与制冷剂的沸点相差大

沸点越高，吸收剂在发生器中就越难挥发，汽化出来的制冷剂纯度就越高。如果吸收剂不是一种极难挥发的物质，则发生器中汽化出来的将不全是制冷剂，这就必须设置精馏器，如图 6—2 所示，将混在制冷剂中的吸收剂分开，否则将影响制冷效果。使用精馏方法将吸收剂与制冷剂分开需要专用精馏设备，但将使制冷效率降低。

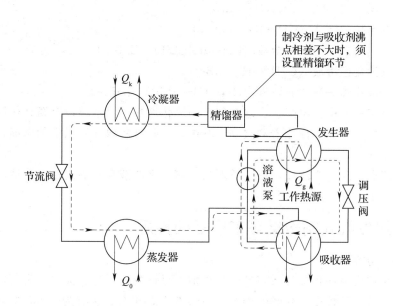

图 6—2 设置精馏器

（3）导热系数要大，密度、黏度和比热容要小，这样可以提高正向循环的工作效率。

（4）化学性质方面的要求：无毒、不易燃、不易爆、无腐蚀性、化学稳定性好。

二、吸收式制冷循环工质对

1. 以水作为制冷剂的工质对

（1）水—溴化锂溶液（H_2O—LiBr）

（2）水—氯化锂溶液（H_2O—LiCl）

（3）水—碘化锂溶液（H_2O—LiI）

（4）水—溴化锂—氯化锂溶液（H_2O—LiBr—LiCl）

（5）水—氯化锂—硫氰酸锂溶液（H_2O—LiCl—LiSCN）

在上述几种工质对中，水—氯化锂溶液和水—碘化锂溶液对设备的腐蚀性较小，且水—碘化锂溶液吸收式制冷循环利用更低品位的热源更方便，但其溶解度较小，目前应用较为广泛的是水—溴化锂溶液工质对。

2. 以氨作为制冷剂的工质对

（1）氨—水溶液（NH_3—H_2O）

（2）乙胺—水溶液（$C_2H_5NH_2$—H_2O）

（3）甲胺—水溶液（CH_3NH_2—H_2O）

（4）硫氰酸钠—氨溶液（NaSCN—NH_3）

在上述几种工质对中，乙胺—水溶液和甲胺—水溶液能减轻氨的毒性和燃爆性，且乙胺—水溶液吸收式制冷循环较适宜于热泵循环，而硫氰酸钠—氨工质对较适宜于太阳能吸收式制冷循环。在本系列中，常用的是氨—水溶液工质对。

3. 以醇作为制冷剂的工质对

（1）甲醇—溴化锂溶液（CH_3OH—LiBr）

（2）甲醇—溴化锌溶液（CH_3OH—$ZnBr_2$）

（3）甲醇—溴化锂—溴化锌溶液（CH_3OH—LiBr—$ZnBr_2$）

（4）乙醇—溴化锂溶液（C_2H_5OH—LiBr）

（5）乙醇—溴化锂—溴化锌溶液（C_2H_5OH—LiBr—$ZnBr_2$）

在上述几种工质对中，甲醇、乙醇有较大的汽化潜热，对金属没有腐蚀作用，是比较好的制冷剂，但其成本较高，使用受到限制。其中，甲醇可制取 0 ℃以下的低温，乙醇更适合太阳能吸收式制冷循环。

经过长期研究，获得广泛应用的工质对只有氨—水溶液和水—溴化锂溶液，前者用于低温系统，后者用于空调系统。

三、常用吸收式制冷循环工质对的性质

1. 溴化锂—水溶液

纯净的溴化锂固体的化学性质与氯化钠相似，呈白色、无毒、无臭、有苦咸味，在大气中不变质、不分解、不挥发，化学性能稳定，熔点为 549 ℃，沸点为 1 265 ℃，有强烈的吸水性。

水的汽化潜热大、无毒、无味、不燃烧、不爆炸、价格低廉。但水的凝固点较高，为 0 ℃。因此，用水作为制冷剂仅限于空调制冷。

在常压下，水的沸点是 100 ℃，而溴化锂的沸点为 1 265 ℃，两者相差很大。因此，用溴化锂—水溶液作为吸收式制冷循环的工质对，可在发生器中直接分离出高纯度的制冷剂水蒸气。在制取 0 ℃ 以上的低温时，这种工质对是比较理想的。

溴化锂—水溶液的物理特性如下：

(1) 溶解度随温度的升高而增大。

(2) 室温下的密度约为 1.7 g/cm^3。

(3) 比热容较水小，且随温度升高而增大，随浓度升高而减小。

(4) 黏度较大，且在温度较低时，随浓度的增大而迅速增大。

(5) 表面张力随浓度的增大和温度的降低而增大。

(6) 饱和蒸气压力很小，吸湿性很强。

(7) 对普通金属有较大的腐蚀作用。

2. 氨—水溶液

氨作为制冷剂有较好的热力学性质，其汽化潜热大、单位容积制冷量大，标准沸点为 −33.3 ℃，凝固点为 −77.7 ℃。氨极易溶解于水中，其溶液呈弱碱性，但有强烈的刺激性气味，有毒、易燃爆。

在氨—水溶液中，氨是制冷剂，水是吸收剂。它的制冷温度可在 0 ℃ 以下，多用作生产工艺过程的冷源。

氨和水沸点相差为 133 ℃，不如溴化锂与水的沸点相差大。因此，氨和水都具有一定的挥发能力。当氨—水溶液被加热沸腾时，氨蒸发出来的同时，也有部分水被蒸发出来，所以在氨—水吸收式制冷循环中需用精馏方法来提高进入冷凝器的氨蒸气的浓度。

氨—水溶液的物理特性如下：

(1) 密度为 0.64 g/cm^3，且随浓度和温度的下降而升高。

(2) 比热容随温度和浓度的升高而增大。

(3) 导热系数随温度的升高和浓度的降低而增大。

(4) 黏度在质量分数为 30% 左右最大，且随温度的降低而增大。

§6—3　溴化锂吸收式制冷循环

溴化锂吸收式制冷循环以水为制冷剂、溴化锂为吸收剂，蒸发温度在 0 ℃ 以上，相对较高，因此比较适用于空气调节。这种吸收式制冷机可用一般的低压蒸气或 60 ℃ 以上的热水作为热源，因而，在利用低温热源、工业废气及太阳能等低品位能的制冷方面具有广泛的前景。

一、溴化锂吸收式制冷分类

溴化锂制冷机组分类如下：

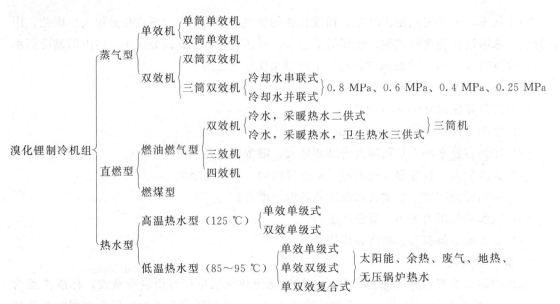

单筒是指制冷系统高压容器（包含发生器、冷凝器）与低压容器（包含蒸发器、吸收器）都制作在一个圆筒形的密闭容器内。双筒是指高压容器（包含发生器、冷凝器）和低压容器（包含蒸发器、吸收器）分别制作在两个圆筒形的密闭容器内。

单效型制冷机是指在系统内各热力设备的数量分别只有一个的制冷设备系统，而双效型制冷机里有两个发生器和两个热交换器。

二、单效溴化锂吸收式制冷循环

1. 机组组成结构

单效溴化锂吸收式制冷机设备组成如图 6—3 所示。系统中设有发生器、冷凝器、蒸发器、吸收器、发生器泵、蒸发器泵、吸收器泵、节流装置、溶液热交换器等设备。

在单效溴化锂吸收式制冷循环中，发生器与冷凝器的压力较高，通常将其设在一个密封的筒体内，称为高压筒；蒸发器与吸收器的压力较低，密封在另一个筒体内，称为低压筒。两筒之间通过节流装置和溶液泵连接在一起，使得制冷系统形成一个封闭的循环装置。

2. 工作流程

在制冷循环中，来自吸收器的溴化锂稀溶液由发生器泵加压，并经过热交换器后进入发生器，由发生器内管簇中的工作蒸气将其加热，溶液中的制冷剂（水）汽化成水蒸气。水蒸气上升进入冷凝器，由冷凝器管簇内的冷却水将其冷却冷凝为液态水。液态水在重力作用下降入冷凝器池中。制冷剂水经 U 形管节流降压降温并进入蒸发器后迅速吸热汽化，未汽化的制冷剂被蒸发器泵均匀地喷淋在冷媒水管簇外表，使冷媒水的温度下降，从而达到制冷的目的。

蒸发器内由制冷剂汽化形成的制冷剂蒸气进入吸收器中，由吸收器中来自发生器中的浓溶液和吸收器中的稀溶液将其吸收成为稀溶液，再由发生器泵送往发生器中加热，继续制冷循环。

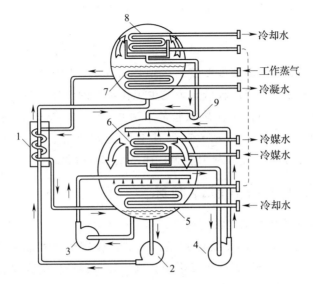

图6—3 单效溴化锂吸收式制冷机设备组成
1—溶液热交换器 2—发生器泵 3—吸收器泵 4—蒸发器泵 5—吸收器
6—蒸发器 7—发生器 8—冷凝器 9—U形管

在吸收器中,吸收过程所放出的溶解热被冷却水带走。

3. 热力过程描述

吸收式制冷可用以下5个热力过程来描述:

(1) 发生过程

在发生器中,浓度较低的溴化锂溶液被工作蒸气加热,温度升高,并在一定的压力下沸腾。溶液内的制冷剂(水)被蒸发出来,形成水蒸气,同时,溴化锂溶液浓度变大。

(2) 冷凝过程

来自发生器中的水蒸气进入冷凝器,由冷凝器管内流动的冷却水将其定压冷却冷凝为饱和液体。在此过程中,制冷剂蒸气放热,并将在发生器中吸收的热量等转移给冷却水,冷却水通过冷却水塔再把热量排放到环境中去。

(3) 节流过程

在冷凝压力下的制冷剂液体,经过节流装置U形管①降为蒸发压力。由于压力的降低,有一少部分制冷剂汽化为水蒸气,大部分制冷剂温度降低并输送到蒸发器中。

(4) 蒸发过程

在蒸发器内,由于压力极低,制冷剂在吸收了蒸发器管簇内冷媒水的热量后汽化为蒸汽,冷媒水温度降低(通常降低5～10 ℃)。

(5) 吸收过程

在发生器中浓缩后的溴化锂溶液进入吸收器,在冷却水的冷却下温度降低。这种浓度高、温度低的溶液与吸收器内的部分稀溶液相混合,形成中间溶液。低温下的中间溶液具有较强的吸收制冷剂蒸气的作用,从而形成稀溶液。

---

① 由于系统内压力极低,只能采用U形管节流。

　　吸收器中所得到的稀溶液，再由发生器泵送往发生器中，这样制冷机就完成了一个制冷循环。

　　在溴化锂吸收式制冷循环中，一般设有溶液热交换器，其作用是回收热量、减少损失。一方面，如果来自发生器的浓溶液温度较高，则必须将其温度降到合适的数值；另一方面，由吸收器送往发生器的稀溶液温度较低，为减少工作蒸气的消耗，应预加热。

　　单效溴化锂吸收式制冷机的工作热源通常采用 $0.1 \sim 0.25$ MPa 的蒸气或 $75 \sim 140$ ℃的热水，循环热力系数通常为 $0.65 \sim 0.75$。对于压力在 $0.25 \sim 1$ MPa 的蒸气或温度在 $160 \sim 200$ ℃的高温水来说，为充分利用能源，通常采用双效循环。

三、双效溴化锂吸收式制冷循环

1. 双效溴化锂吸收式制冷机的结构特点

　　如图 6—4 所示，与单效机的主要区别是，双效溴化锂吸收式制冷机设置两个发生器，一个称为高压发生器，另一个称为低压发生器。高压发生器产生的高温制冷剂水蒸气作为低压发生器的热源，使低压发生器中的溴化锂溶液再次产生制冷剂水蒸气。在有效利用制冷剂水蒸气热量的同时，还减少了冷凝器的热负荷，机组效率大为提高，热力系数可达 $1.1 \sim 1.2$。

2. 双效溴化锂吸收式制冷循环的工作流程

　　如图 6—5 所示为双效溴化锂吸收式制冷循环工作流程图，吸收器中的稀混合溶液由发生器泵加压并经低温热交换器、溶液调节阀和高压热交换器送到高压发生器。此过程中稀混合溶液先后被两个热交换器预加热升温。

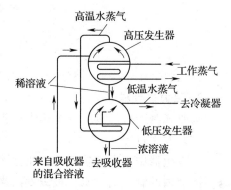

图 6—4　双效溴化锂吸收式制冷机设置两个发生器

　　进入高压发生器的稀溶液被工作蒸气加热后温度升高，其中一部分制冷剂水汽化并从溶液中分离出来成为水蒸气。浓度有所增大后的溶液，由底部管道流入高温热交换器，在加热原稀溶液后又流入低压发生器。在低压发生器中，溶液再次被从高压发生器里产生的高温水蒸气加热并分离出水蒸气。

　　一方面，在低压发生器中产生的水蒸气进入冷凝器后经冷却水冷却冷凝，与在低压发生器中降温、冷凝并由蒸气变为液体的水一起积存在发生器下部的集水盘中；另一方面，再次分离出水蒸气后的溶液浓度进一步增大，它从低压发生器的底部经低温热交换器降温后流回吸收器底部。

　　流回吸收器底部的浓溶液与其中的部分稀溶液混合形成中间溶液，然后在吸收器泵的作用下在吸收器内均匀喷淋，经冷却水作用降温后，吸收制冷剂水蒸气并重新成为稀溶液。这个过程因吸收器内的水蒸气不断被中间溶液吸收，蒸发器内处于需要的低压。

　　汇集在冷凝器集水盘中的制冷剂水由蒸发器泵输送，并在低压下均匀地喷淋在蒸发器管簇外表。制冷剂水吸收管内冷媒水的热量并汽化，使冷媒水的温度下降，从而达到制冷的目的。

　　抽气装置的作用是保证蒸发器处于必要的低压。

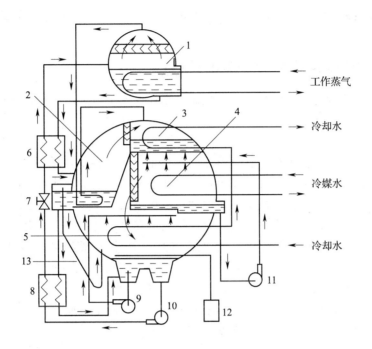

图 6—5　双效溴化锂吸收式制冷循环工作流程图

1—高压发生器　2—低压发生器　3—冷凝器　4—蒸发器　5—吸收器　6—高温热交换器　7—溶液调节阀

8—低温热交换器　9—吸收器泵　10—发生器泵　11—蒸发器泵　12—抽气装置　13—防结晶管

双效溴化锂吸收式制冷循环根据稀溶液的循环方式不同可分成串联流程和并联流程两大类，如图 6—6 所示。上面介绍的属于串联流程，而并联流程的双效溴化锂吸收式制冷循环与串联型基本一致。

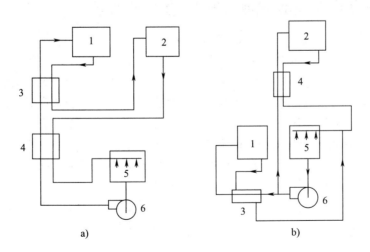

图 6—6　双效溴化锂吸收式制冷循环的循环方式

a）串联流程　　b）并联流程

1—高压发生器　2—低压发生器　3—高温热交换器

4—低温热交换器　5—蒸发器　6—发生器泵

§6—4 影响溴化锂吸收式制冷的主要因素

一、溴化锂吸收式制冷循环的特点

目前，在吸收式制冷中，溴化锂吸收式制冷循环得到了最多的应用，这种循环具有如下特点：

1. 优点

（1）以热能为动力，耗电少，且对热源的要求不高。各种低品位热能，如 75 ℃以上的热水、地热、太阳能和烟道气等都可作为热源。节电节能，经济性能好。

（2）系统机械运动部件少，故工作时振动小、噪声低，设备运行平稳。

（3）工质无臭、无毒、无燃爆危险，对操作人员和设备运行安全，对地球环境无影响。

（4）能很好地适应负荷的变化，在对工作效率基本无影响的前提下，制冷量可在 10%～100% 的范围内方便地调节。

（5）对冷却水的温度变化适应性强，可用 40 ℃冷却水。

（6）因设备运行振动小，所以安装场地要求低，施工简单方便。

（7）设备制造简单，操作、维修方便。

2. 缺点

（1）当系统中进入空气后，会对普通碳钢具有较强的腐蚀性，这不但会缩短设备的使用寿命，还会影响设备的正常运转和循环性能。

（2）因为以水作为制冷剂，所以蒸发器工作时处于真空，对其密封性要求较高。

（3）设备有多处需要排热，负荷较大。

（4）对冷却水的水质要求较高。

二、影响溴化锂吸收式制冷循环的主要因素

1. 工作蒸气压力（温度）变化对循环的影响

溴化锂吸收式制冷循环的制冷量随工作蒸气压力（温度）的升高而增大，随压力的降低而减小。一般地，工作蒸气压力每变化 0.01 MPa，制冷量的变化为 3%～5%。

但工作蒸气的压力又不能太高，因为压力升高会引起浓溶液的浓度升高并易产生结晶。通常，工作蒸气的压力以高压发生器出口浓溶液温度不超过 130 ℃为准。

2. 冷媒水出口温度的变化对循环的影响

当其他参数不变时，制冷量随着冷媒水出口温度的升高而增大，随温度的降低而减小。一般地，冷媒水出口温度变化 1 ℃时，制冷量变化 3%～5%。

所以，在满足生产工艺要求的前提下，应尽可能提高冷媒水出口温度，这样不仅可以获得较高的制冷量，还可以达到节能降耗的目的。冷媒水出口温度一般控制在 5～10 ℃，不要低于 5 ℃。

3. 冷却水进口温度的变化对循环的影响

在其他条件不变的情况下，制冷量随着冷却水进口温度的降低而增大，随温度的升高而减小。但冷却水进口温度不宜过低，否则将会引起浓溶液结晶或制冷剂水污染等问题。一般

情况下，冷却水进口温度控制在 25～32 ℃。

4. 冷却水与冷媒水质对循环的影响

冷却水与冷媒水的水质对溴化锂吸收式制冷影响较大。系统运转一段时间后，在传热管内、外壁将逐渐形成一层污垢，影响传热，使制冷能力下降。所以，在系统运转过程中应经常注意水质的分析，当水质较差时，应及时采取除污措施，以保证水质要求。

5. 不凝性气体对循环的影响

不凝性气体是指溴化锂吸收式制冷机中既不能冷凝又不能吸收的气体，如外部渗入的空气等。即使这类气体数量极其微小，也会造成吸收器中溶液对制冷剂蒸气吸收能力的大幅度下降，从而严重影响机组的制冷能力。

6. 稀溶液循环量的变化对循环的影响

当其他条件不变时，在一定的范围内，稀溶液的循环量与制冷量成正比，循环量增大时制冷量增大，循环量减小时制冷量减小。但如果稀溶液循环量过大，则会使溶液的浓度差减小（浓溶液的浓度降低，稀溶液的浓度升高），导致热力系数减小，制冷量下降。

三、提高溴化锂吸收式制冷性能的途径

通过对影响溴化锂吸收式制冷循环性能因素的分析，了解了它的主要特性，因此可以采用科学有效的方法提高溴化锂吸收式制冷循环的性能。

1. 及时抽取不凝性气体

溴化锂吸收式制冷系统在一定的真空下运行，蒸发器和吸收器的绝对压力极低，故外界空气很容易漏入，及时抽取不凝性气体是提高制冷循环性能的一项重要措施。

2. 调节溴化锂稀溶液的循环量

机组运行时，如果发现稀溶液循环量过大，则应通过溶液调节阀来适当将其调小，否则应及时调大，以获得最佳的制冷效果。

3. 防止制冷剂污染

当由于操作不当或外界条件发生突然变化，造成吸收剂溴化锂进入冷凝器和蒸发器，使制冷量下降时，应找出原因并对制冷剂进行再生处理。

4. 提高传热和传质能力

为了提高热交换设备的热、质交换能力，可在系统中添加能量增强剂。能量增强剂是异辛醇、正辛醇等化学物质，其作用就是降低溶液的表面张力，增强溶液与水蒸气结合能力并提高吸收效率，以及改善管道表面传热效果。实验证明，添加能量增强剂后，制冷量提高10%～20%。

5. 采取适当的防腐措施

溴化锂溶液对金属有强烈的腐蚀作用，因腐蚀而产生的不凝性气体会降低机组的制冷量。因此，必须采取适当的防腐措施。具体方法是在溴化锂溶液中加入 0.1%～0.3%（质量分数）的铬酸锂作为缓蚀剂，同时加入适量的氢氧化锂，使溶液呈弱碱性。这样，可以有效地延缓溴化锂溶液对金属的腐蚀作用，达到防腐蚀的目的。

附　　录

湿空气的密度、水蒸气压力、含湿量和焓

（大气压 $B = 1\,013 \times 10^2$ Pa）

空气温度 t （℃）	干空气密度 ρ （kg/m³）	饱和空气密度 ρ_b （kg/m³）	饱和空气的水蒸气分压力 $p_{q,b}$ （×10² Pa）	饱和空气含湿量 d_b （g/kg$_{da}$）	饱和空气焓 h_b （kJ/kg$_{da}$）
−20	1.396	1.395	1.02	0.63	−18.55
−19	1.394	1.393	1.13	0.70	−17.39
−18	1.385	1.384	1.25	0.77	−16.20
−17	1.379	1.378	1.37	0.85	−14.99
−16	1.374	1.373	1.50	0.93	−13.77
−15	1.368	1.367	1.65	1.01	−12.60
−14	1.363	1.362	1.81	1.11	−11.35
−13	1.358	1.357	1.98	1.22	−10.05
−12	1.353	1.352	2.17	1.34	−8.75
−11	1.348	1.347	2.37	1.46	−7.45
−10	1.342	1.341	2.59	1.60	−6.07
−9	1.337	1.336	2.83	1.75	−4.73
−8	1.332	1.331	3.09	1.91	−3.31
−7	1.327	1.325	3.36	2.08	−1.88
−6	1.322	1.320	3.67	2.27	−0.42
−5	1.317	1.315	4.00	2.47	1.09
−4	1.312	1.310	4.36	2.69	2.68
−3	1.308	1.306	4.75	2.94	4.31
−2	1.303	1.301	5.16	3.19	5.90
−1	1.298	1.295	5.61	3.47	7.62
0	1.293	1.290	6.09	3.78	9.42
1	1.288	1.285	6.56	4.07	11.14
2	1.284	1.281	7.04	4.37	12.89
3	1.279	1.275	7.57	4.70	14.74
4	1.275	1.271	8.11	5.03	16.58
5	1.270	1.266	8.70	5.40	18.51
6	1.265	1.261	9.32	5.79	20.51
7	1.261	1.256	9.99	6.21	22.61
8	1.256	1.251	10.70	6.65	24.70
9	1.252	1.247	11.46	7.13	26.92
10	1.248	1.242	12.25	7.63	29.18
11	1.243	1.237	13.09	8.15	31.52
12	1.239	1.232	13.99	8.75	34.08
13	1.235	1.228	14.94	9.35	36.59
14	1.230	1.223	15.95	9.97	39.19
15	1.226	1.218	17.01	10.6	41.78
16	1.222	1.214	18.13	11.4	44.80
17	1.217	1.208	19.32	12.1	47.73

空气温度 t （℃）	干空气密度 ρ （kg/m³）	饱和空气密度 ρ_b （kg/m³）	饱和空气的 水蒸气分压力 $p_{q,b}$ （×10² Pa）	饱和空气含湿量 d_b （g/kg$_{da}$）	饱和空气焓 h_b （kJ/kg$_{da}$）
18	1.213	1.204	20.59	12.9	50.66
19	1.209	1.200	21.92	13.8	54.01
20	1.205	1.195	23.31	14.7	57.78
21	1.201	1.190	24.80	15.6	61.13
22	1.197	1.185	26.37	16.6	64.06
23	1.193	1.181	28.02	17.7	67.83
24	1.189	1.176	29.77	18.8	72.01
25	1.185	1.171	31.60	20.0	75.78
26	1.181	1.166	33.53	21.4	80.39
27	1.177	1.161	35.56	22.6	84.57
28	1.173	1.156	37.71	24.0	89.18
29	1.169	1.151	39.95	25.6	94.20
30	1.165	1.146	42.32	27.2	99.65
31	1.161	1.141	44.82	28.8	104.67
32	1.157	1.136	47.43	30.6	110.11
33	1.154	1.131	50.18	32.5	115.97
34	1.150	1.126	53.07	34.4	122.25
35	1.146	1.121	56.10	36.6	128.95
36	1.142	1.116	59.26	38.8	135.65
37	1.139	1.111	62.60	41.1	142.35
38	1.135	1.107	66.09	43.5	149.47
39	1.132	1.102	69.75	46.0	157.42
40	1.128	1.097	73.58	48.8	165.80
41	1.124	1.091	77.59	51.7	174.17
42	1.121	1.086	81.80	51.4	182.96
43	1.117	1.081	86.18	58.0	192.17
44	1.114	1.076	90.79	61.3	202.22
45	1.110	1.070	95.60	65.0	212.69
46	1.107	1.065	100.61	65.9	223.57
47	1.103	1.059	105.87	72.8	235.30
48	1.100	1.054	111.33	77.0	247.02
49	1.096	1.048	117.07	81.5	260.00
50	1.093	1.043	123.04	86.2	273.40
55	1.076	1.013	156.94	114	352.11
60	1.060	0.981	198.70	152	456.36
65	1.044	0.946	249.38	204	598.71
70	1.029	0.909	510.82	276	795.50
75	1.014	0.868	384.50	382	1 080.19
80	1.000	0.823	472.28	545	1 519.81
85	0.986	0.773	576.69	828	2 281.81
90	0.973	0.718	699.31	1 400	3 818.36
95	0.959	0.656	843.09	3 120	8 436.40
100	0.947	0.589	1 013.00	—	—

附录 2

饱和水与干饱和蒸汽表
（按压力排列）

压力	温度	比 容		密 度		焓		汽化潜热	熵	
		液体	蒸汽	液体	蒸汽	液体	蒸汽		液体	蒸汽
p	t	v'	v''	ρ'	ρ''	h'	h''	r	S'	S''
bar	℃	m³/kg	m³/kg	kg/m³	kg/m³	kJ/kg	kJ/kg	kJ/kg	kJ/(kg·K)	kJ/(kg·K)
0.010	6.92	0.001 000 1	129.9	999.9	0.007 70	29.32	2 513	2 484	0.105 4	8.975
0.020	17.514	0.001 001 4	66.97	998.6	0.014 93	73.52	2 533	2 459	0.260 9	8.722
0.030	24.097	0.001 002 8	45.66	997.2	0.021 90	101.04	2 545	2 444	0.354 6	8.576
0.040	28.979	0.001 004 1	34.81	995.9	0.028 73	121.42	2 554	2 433	0.422 5	8.473
0.050	32.88	0.001 005 3	28.19	994.7	0.035 47	137.83	2 561	2 423	0.476 1	8.393
0.060	36.18	0.001 006 4	23.74	993.6	0.042 12	151.50	2 567	2 415	0.520 7	8.328
0.070	39.03	0.001 007 5	20.53	992.6	0.048 71	163.43	2 572	2 409	0.559 1	8.274
0.080	41.54	0.001 008 5	18.10	991.6	0.055 25	173.9	2 576	2 402	0.592 7	8.227
0.090	43.79	0.001 009 4	16.20	990.7	0.061 72	183.3	2 580	2 397	0.622 5	8.186
0.10	45.84	0.001 010 3	14.68	989.8	0.068 12	191.9	2 584	2 399	0.649 2	8.149
0.15	54.00	0.001 014 0	10.02	986.2	0.099 80	226.1	2 599	2 373	0.755 0	8.007
0.20	60.08	0.001 017 1	7.647	983.2	0.130 8	251.4	2 609	2 358	0.832 1	7.907
0.25	64.99	0.001 019 9	6.202	980.5	0.161 2	272.0	2 618	2 346	0.893 4	7.830
0.30	69.12	0.001 022 2	5.226	978.3	0.191 3	289.3	2 625	2 336	0.944 1	7.769
0.40	75.88	0.001 026 4	3.994	974.3	0.250 4	317.7	2 636	2 318	1.026 1	7.670
0.45	78.75	0.001 028 2	3.574	972.6	0.279 7	329.6	2 641	2 311	1.060 1	7.629
0.50	81.35	0.001 029 9	3.239	971.0	0.308 7	340.6	2 645	2 404	1.091 0	7.593
0.55	83.74	0.001 031 5	2.963	969.5	0.337 5	350.7	2 649	2 298	1.119 3	7.561
0.60	85.95	0.001 033 0	2.732	968.1	0.366 1	360.0	2 653	2 293	1.145 3	7.531
0.70	89.97	0.001 035 9	2.364	965.3	0.423 0	376.8	2 660	2 283	1.191 8	7.479
0.80	93.52	0.001 038 5	2.087	962.9	0.479 2	391.8	2 665	2 273	1.233 0	7.434
0.90	96.72	0.001 040 9	1.869	960.7	0.535 0	405.3	2 670	2 265	1.269 6	7.394
1.0	99.64	0.001 043 2	1.694	958.6	0.590 3	417.4	2 675	2 258	1.302 6	7.360
1.5	111.38	0.001 052 7	1.159	949.9	0.862 7	467.2	2 693	2 226	1.433 6	7.223
2.0	120.23	0.001 060 5	0.885 4	943.0	1.129	504.8	2 707	2 202	1.530 2	7.127
2.5	127.43	0.001 067 2	0.718 5	937.0	1.393	535.4	2 717	2 182	1.607 1	7.053
3.0	133.54	0.001 073 3	0.605 7	931.7	1.651	561.4	2 725	2 164	1.672	6.992
3.5	138.88	0.001 078 6	0.524 1	927.1	1.908	584.5	2 732	2 148	1.728	6.941
4.0	143.62	0.001 083 6	0.462 4	922.8	2.163	604.7	2 738	2 133	1.777	6.897
4.5	147.92	0.001 088 3	0.413 9	918.9	2.416	623.4	2 744	2 121	1.821	6.857
5.0	151.84	0.001 092 7	0.374 7	915.2	2.669	640.1	2 749	2 109	1.860	6.822
6.0	158.84	0.001 100 7	0.315 6	908.5	3.169	670.5	2 757	2 086	1.931	6.761
7.0	164.96	0.001 108 1	0.272 8	902.4	3.666	697.2	2 764	2 067	1.992	6.709
8.0	170.42	0.001 114 9	0.240 3	896.9	4.161	720.9	2 769	2 048	2.046	6.663
9.0	175.35	0.001 121 3	0.214 9	891.8	4.654	742.8	2 774	2 031	2.094	6.623
10.0	179.88	0.001 127 3	0.194 6	887.1	5.139	762.7	2 778	2 015	2.138	6.587
11.0	184.05	0.001 133 1	0.177 5	882.5	5.634	781.1	2 781	2 000	2.179	6.554

续表

压力	温度	比 容		密 度		焓		汽化	熵	
		液体	蒸汽	液体	蒸汽	液体	蒸汽	潜热	液体	蒸汽
p	t	v'	v''	ρ'	ρ''	h'	h''	r	S'	S''
bar	℃	m³/kg	m³/kg	kg/m³	kg/m³	kJ/kg	kJ/kg	kJ/kg	kJ/(kg·K)	kJ/(kg·K)
12.0	187.95	0.001 138 5	0.163 3	878.3	6.124	798.3	2 785	1 987	2.216	6.523
13.0	191.60	0.001 143 8	0.151 2	874.3	6.614	814.5	2 787	1 973	2.251	6.495
14.0	195.04	0.001 149 0	0.140 8	870.3	7.103	830.0	2 790	1 960	2.284	6.469
15.0	198.28	0.001 153 9	0.131 7	866.6	7.593	844.6	2 792	1 947	2.314	6.445
16.0	201.36	0.001 158 6	0.123 8	863.1	8.080	858.3	2 793	1 935	2.344	6.422
17.0	204.30	0.001 163 2	0.116 7	859.7	8.569	871.6	2 795	1 923	2.371	6.400
18.0	207.10	0.001 167 8	0.110 4	856.3	9.058	884.4	2 796	1 912	2.397	6.379
19.0	209.78	0.001 172 2	0.104 7	853.1	9.549	896.6	2 798	1 901	2.422	6.359
20.0	212.37	0.001 176 6	0.099 58	849.9	10.041	908.5	2 799	1 891	2.447	6.340
22.0	217.24	0.001 185 1	0.090 68	843.8	11.03	930.9	2 801	1 870	2.492	6.305
24.0	221.77	0.001 193 2	0.083 24	838.1	12.01	951.8	2 802	1 850	2.534	6.272
26.0	226.03	0.001 201 2	0.076 88	835.2	13.01	971.7	2 803	1 831	2.573	6.242
28.0	230.04	0.001 208 8	0.071 41	827.3	14.00	990.4	2 803	1 813	2.611	6.213
30	233.83	0.001 216 3	0.066 65	822.2	15.00	1 008.3	2 804	1 796	2.646	6.186
35	242.54	0.001 234 5	0.057 04	810.0	17.53	1 049.8	2 803	1 753	2.725	6.125
40	250.33	0.001 252 0	0.049 77	798.7	20.09	1 087.5	2 801	1 713	2.796	6.070
45	257.41	0.001 269 0	0.044 04	788.0	22.71	1 122.1	2 798	1 676	2.862	6.020
50	263.91	0.001 285 7	0.039 44	777.8	25.35	1 154.4	2 794	1 640	2.921	5.973
60	275.56	0.001 318 5	0.032 43	758.4	30.84	1 213.9	2 785	1 570.8	3.027	5.890
70	285.80	0.001 351 0	0.027 37	740.2	36.54	1 267.4	2 772	1 504.9	3.122	5.814
80	294.98	0.001 383 8	0.023 52	722.6	42.52	1 317.0	2 758	1 441.1	3.208	5.745
90	303.32	0.001 417 4	0.020 48	705.5	48.83	1 363.7	2 743	1 379.3	3.287	5.678
100	310.96	0.001 452 1	0.018 03	688.7	55.46	1 407.7	2 725	1 317.0	3.360	5.615
110	318.04	0.001 489	0.015 98	671.6	62.58	1 450.2	2 705	1 255.4	3.430	5.553
120	324.63	0.001 527	0.014 26	654.9	70.13	1 491.1	2 685	1 193.5	3.496	5.492
130	330.81	0.001 567	0.012 77	638.2	78.30	1 531.5	2 662	1 130.8	3.561	5.432
140	336.63	0.001 611	0.011 49	620.7	87.03	1 570.8	2 638	1 066.9	3.623	5.372
160	347.32	0.001 710	0.009 318	584.8	107.3	1 650	2 582	932.0	3.746	5.247
180	356.96	0.001 837	0.007 504	544.4	133.2	1 732	2 510	778.2	3.871	5.107
200	365.71	0.002 04	0.005 85	490.2	170.9	1 827	2 410	583	4.015	4.928
220	373.7	0.002 73	0.003 67	366.3	272.5	2 016	2 168	152	4.303	4.591
221.29	374.15	0.003 26	0.003 26	306.75	306.75	2 100	2 100	0	4.430	4.430

1 at＝98 066.5 N/m²＝0.980 665 bar；1 N/m²＝1 Pa

附录 3

R13 饱和热力性质

温度 t (℃)	绝对压力 p (kPa)	比容 液体 v' (L/kg)	比容 蒸气 v'' (m³/kg)	焓 液体 h' (kJ/kg)	焓 蒸气 h'' (kJ/kg)	汽化潜热 r (kJ/kg)	熵 液体 S' (kJ/kg·K)	熵 蒸气 S'' (kJ/kg·K)
−140	0.860 0	0.578 09	12.308	69.116	241.946	172.830	0.352 97	1.650 98
−138	1.094 5	0.580 34	9.813 7	70.613	242.744	172.131	0.364 14	1.637 77
−136	1.382 1	0.582 62	7.884 8	72.116	243.548	171.432	0.375 17	1.625 13
−134	1.732 0	0.584 93	6.381 4	73.623	244.357	170.734	0.386 08	1.613 06
−132	2.154 9	0.587 26	5.200 7	75.136	245.170	170.034	0.396 88	1.601 51
−130	2.662 8	0.589 62	4.266 6	76.655	245.988	169.333	0.407 56	1.590 46
−128	3.268 7	0.592 00	3.522 6	78.181	246.809	168.628	0.418 14	1.579 89
−126	3.987 3	0.594 41	2.925 9	79.713	247.635	167.922	0.428 62	1.569 78
−124	4.834 7	0.596 85	2.444 3	81.253	248.463	167.210	0.439 01	1.560 10
−122	5.828 5	0.599 32	2.053 3	82.801	249.295	166.494	0.449 32	1.550 83
−120	6.987 8	0.601 82	1.733 9	84.357	250.129	165.772	0.459 54	1.541 96
−118	8.333 5	0.604 35	1.471 6	85.922	250.966	165.044	0.469 69	1.533 46
−116	9.888 1	0.606 91	1.255 1	87.497	251.805	164.308	0.479 77	1.525 32
−114	11.676	0.609 51	1.075 3	89.081	252.645	163.564	0.489 78	1.517 51
−112	13.722	0.612 14	0.925 35	90.676	253.486	162.810	0.499 73	1.510 03
−110	16.055	0.614 80	0.799 69	92.281	254.328	162.047	0.509 62	1.502 86
−108	18.704	0.617 50	0.693 89	93.896	255.170	161.274	0.519 45	1.495 98
−106	21.700	0.620 23	0.604 43	95.524	256.012	160.488	0.529 23	1.489 38
−104	25.076	0.623 01	0.528 46	97.162	256.854	159.692	0.538 96	1.483 05
−102	28.866	0.625 82	0.463 69	98.812	257.694	158.882	0.548 65	1.476 97
−100	33.107	0.628 67	0.408 25	100.475	258.534	158.059	0.558 29	1.471 13
−98	37.837	0.631 56	0.360 61	102.149	259.371	157.222	0.567 89	1.465 53
−96	43.095	0.634 50	0.319 54	103.836	260.206	156.370	0.577 45	1.460 15
−94	48.922	0.637 48	0.284 00	105.536	261.039	155.503	0.586 97	1.454 97
−92	55.362	0.640 50	0.253 14	107.248	261.868	154.620	0.596 45	1.450 00
−90	62.458	0.643 57	0.226 27	108.973	262.694	153.721	0.605 89	1.445 21

续表

温 度 t (℃)	绝对压力 p (kPa)	比 容 液体 v' (L/kg)	比 容 蒸气 v" (m³/kg)	焓 液体 h' (kJ/kg)	焓 蒸气 h" (kJ/kg)	汽化潜热 r (kJ/kg)	熵 液体 S' (kJ/kg·K)	熵 蒸气 S" (kJ/kg·K)
−88	70.257	0.646 69	0.202 79	110.711	263.515	152.804	0.615 30	1.440 60
−86	78.805	0.649 86	0.182 21	112.462	264.333	151.871	0.624 68	1.436 17
−84	88.152	0.653 08	0.164 12	114.225	265.145	150.920	0.634 02	1.431 91
−82	98.346	0.656 36	0.148 18	116.002	265.953	149.951	0.643 33	1.427 79
−80	109.44	0.659 69	0.134 09	117.791	266.754	148.963	0.652 60	1.423 83
−78	121.48	0.663 08	0.121 60	119.594	267.550	147.956	0.661 84	1.420 01
−76	134.53	0.666 53	0.110 51	121.409	268.339	146.930	0.671 05	1.416 33
−74	148.64	0.670 04	0.100 63	123.237	269.121	145.884	0.680 23	1.412 77
−72	163.86	0.673 62	0.091 817	125.077	269.896	144.819	0.689 38	1.409 33
−70	180.26	0.677 26	0.083 928	126.931	270.663	143.732	0.698 49	1.40 601
−68	197.88	0.680 97	0.076 854	128.797	271.422	142.625	0.707 57	1.402 80
−66	216.78	0.684 76	0.070 498	130.675	272.172	141.497	0.716 62	1.399 69
−64	237.03	0.688 62	0.064 774	132.566	272.914	140.348	0.725 64	1.396 68
−62	258.68	0.692 56	0.059 609	134.469	273.645	139.176	0.734 62	1.393 76
−60	281.80	0.696 59	0.054 939	136.384	274.368	137.984	0.743 57	1.390 93
−58	306.44	0.700 70	0.050 709	138.311	275.079	136.768	0.752 49	1.388 18
−56	332.67	0.704 90	0.046 870	140.251	275.780	135.529	0.761 38	1.385 51
−54	360.54	0.709 19	0.043 380	142.202	276.470	134.268	0.770 23	1.382 91
−52	390.12	0.713 59	0.040 202	144.165	277.149	132.984	0.779 06	1.380 38
−50	421.47	0.718 09	0.037 303	146.140	277.815	131.675	0.787 85	1.377 92
−48	454.65	0.722 70	0.034 653	148.127	278.468	130.341	0.796 60	1.375 51
−46	489.73	0.727 42	0.032 228	150.126	279.109	128.983	0.805 33	1.373 16
−44	526.78	0.732 26	0.030 005	152.137	279.736	127.599	0.814 02	1.370 86
−42	565.84	0.737 24	0.027 965	154.159	280.348	126.189	0.822 69	1.368 61
−40	607.00	0.742 34	0.026 088	156.193	280.946	124.753	0.831 32	1.366 39
−38	650.30	0.747 60	0.024 361	158.240	281.528	123.288	0.839 92	1.364 22
−36	695.83	0.753 00	0.022 767	160.299	282.095	121.796	0.848 49	1.362 08

续表

温度 t (℃)	绝对压力 p (kPa)	比容 液体 v' (L/kg)	比容 蒸气 v" (m³/kg)	焓 液体 h' (kJ/kg)	焓 蒸气 h" (kJ/kg)	汽化潜热 r (kJ/kg)	熵 液体 S' (kJ/kg·K)	熵 蒸气 S" (kJ/kg·K)
-34	743.64	0.758 56	0.021 296	162.370	282.644	120.274	0.857 04	1.359 96
-32	793.80	0.764 29	0.019 936	164.453	283.176	118.723	0.865 56	1.357 88
-30	846.37	0.770 21	0.018 677	166.550	283.689	117.139	0.874 05	1.355 81
-28	901.43	0.776 32	0.017 509	168.659	284.184	115.525	0.882 51	1.353 75
-26	959.04	0.782 64	0.016 425	170.782	284.658	113.876	0.890 96	1.351 71
-24	1 019.3	0.789 18	0.015 417	172.920	285.110	112.190	0.899 38	1.349 67
-22	1 082.2	0.795 95	0.014 479	175.072	285.541	110.469	0.907 78	1.347 64
-20	1 147.9	0.802 99	0.013 605	177.239	285.947	108.708	0.916 17	1.345 59
-18	1 216.4	0.810 31	0.012 790	179.422	286.329	106.907	0.924 54	1.343 54
-16	1 287.8	0.817 93	0.012 028	181.622	286.684	105.062	0.932 90	1.341 47
-14	1 362.2	0.825 87	0.011 315	183.840	287.011	103.171	0.941 26	1.539 37
-12	1 439.6	0.834 18	0.010 648	186.077	287.308	101.231	0.949 61	1.337 24
-10	1 520.2	0.842 88	0.010 022	188.335	287.572	99.237	0.957 96	1.335 08
-8	1 604.0	0.852 01	0.009 434	190.615	287.801	97.186	0.966 33	1.332 86
-6	1 691.1	0.861 62	0.008 881	192.919	287.993	95.074	0.974 70	1.330 59
-4	1 781.5	0.871 77	0.008 360	195.249	288.144	92.895	0.983 10	1.328 24
-2	1 875.4	0.882 51	0.007 868	197.608	288.250	90.642	0.991 53	1.325 82
0	1 972.9	0.893 93	0.007 404	200.000	288.307	88.307	1.000 00	1.323 29
2	2 074.1	0.906 11	0.006 965	202.428	288.310	85.882	1.008 52	1.320 65
4	2 179.0	0.919 16	0.006 548	204.897	288.252	83.355	1.017 12	1.317 88
6	2 287.8	0.933 23	0.006 152	207.412	288.126	80.714	1.025 80	1.314 94
8	2 400.6	0.948 49	0.005 775	209.981	287.923	77.942	1.034 59	1.311 81
10	2 517.6	0.965 16	0.005 414	212.614	287.629	75.015	1.043 52	1.308 45
12	2 638.9	0.983 53	0.005 068	215.322	287.230	71.908	1.052 64	1.304 82
14	2 764.6	1.004 0	0.004 735	218.121	286.706	68.585	1.061 98	1.300 83
16	2 895.0	1.027 1	0.004 412	221.034	286.027	64.993	1.071 63	1.296 41
18	3 030.3	1.053 8	0.004 096	224.093	285.154	61.061	1.081 69	1.291 41
20	3 170.8	1.085 2	0.003 785	227.350	284.024	56.674	1.092 32	1.285 65
22	3 316.8	1.123 5	0.003 472	230.888	282.534	51.646	1.103 80	1.278 79
24	3 469.0	1.173 2	0.003 148	234.871	280.489	45.618	1.116 66	1.270 18
26	3 628.0	1.244 6	0.002 793	239.694	277.425	37.731	1.132 19	1.258 32
28	3 795.5	1.382 8	0.002 321	247.009	271.417	24.408	1.155 83	1.236 88

附录 4

R134a 饱和热力性质

温度 t (℃)	绝对压力 p (kPa)	密度 (kg/m³) 液体 ρ'	密度 (kg/m³) 蒸气 ρ"	焓 (kJ/kg) 液体 h'	焓 (kJ/kg) 蒸气 h"	熵 (kJ/kg·K) 液体 S'	熵 (kJ/kg·K) 蒸气 S"	定容比热 Cv (kJ/kg·K) 液体	定容比热 Cv (kJ/kg·K) 蒸气	定压比热 Cp (kJ/kg·K) 液体	定压比热 Cp (kJ/kg·K) 蒸气	表面张力 σ (N/m)
-40	52	1 414	2.8	0.0	223.3	0.000	0.958	0.667	0.646	1.129	0.742	0.017 7
-35	66	1 399	3.5	5.7	226.4	0.024	0.951	0.696	0.659	1.154	0.758	0.016 9
-30	85	1 385	4.4	11.5	229.6	0.048	0.945	0.722	0.672	1.178	0.774	0.016 1
-25	107	1 370	5.5	17.5	232.7	0.073	0.940	0.746	0.685	1.202	0.791	0.015 4
-20	133	1 355	6.8	23.6	235.8	0.097	0.935	0.767	0.698	1.227	0.809	0.014 6
-15	164	1 340	8.3	29.8	238.8	0.121	0.931	0.786	0.712	1.250	0.828	0.013 9
-10	201	1 324	10.0	36.1	241.8	0.145	0.927	0.803	0.726	1.274	0.847	0.013 2
-5	343	1 308	12.1	42.5	244.8	0.169	0.924	0.817	0.740	1.297	0.868	0.012 4
0	293	1 292	14.4	49.1	247.8	0.193	0.921	0.830	0.755	1.320	0.889	0.011 7
5	350	1 276	17.1	55.8	250.7	0.217	0.918	0.840	0.770	1.343	0.912	0.011 0
10	415	1 259	20.2	62.6	253.5	0.241	0.916	0.849	0.785	1.365	0.936	0.010 3
15	489	1 242	23.7	69.4	256.3	0.265	0.914	0.857	0.800	1.388	0.962	0.009 6
20	572	1 224	27.8	76.5	259.0	0.289	0.912	0.863	0.815	1.411	0.990	0.008 9
25	666	1 206	32.3	83.6	261.6	0.313	0.910	0.868	0.831	1.435	1.020	0.008 3
30	771	1 187	37.5	90.8	264.2	0.337	0.908	0.872	0.847	1.460	1.053	0.007 6
35	887	1 167	43.3	98.2	266.6	0.360	0.907	0.875	0.863	1.486	1.089	0.006 9
40	1 017	1 147	50.0	105.7	268.8	0.384	0.905	0.878	0.879	1.514	1.130	0.006 3
45	1 160	1 126	57.5	113.3	271.0	0.408	0.904	0.881	0.896	1.546	1.177	0.005 6
50	1 318	1 103	66.1	121.0	272.9	0.432	0.902	0.883	0.914	1.581	1.231	0.005 0
55	1 491	1 080	75.9	129.0	274.7	0.456	0.900	0.886	0.932	1.621	1.295	0.004 4
60	1 681	1 055	87.2	137.1	276.1	0.479	0.897	0.890	0.950	1.667	1.374	0.003 8
65	1 888	1 028	100.2	145.3	277.3	0.504	0.894	0.895	0.970	1.724	1.473	0.003 2
70	2 115	999	115.5	153.9	278.1	0.528	0.890	0.901	0.991	1.794	1.601	0.002 7
75	2 361	967	133.6	162.6	278.4	0.553	0.885	0.910	1.014	1.884	1.776	0.002 2
80	2 630	932	155.4	171.8	278.0	0.578	0.879	0.922	1.039	2.011	2.027	0.001 6
85	2 923	893	182.4	189.3	276.8	0.604	0.870	0.937	1.066	2.204	2.408	0.001 2
90	3 242	847	216.9	191.6	274.5	0.631	0.860	0.958	1.097	2.554	3.056	0.000 7
95	3 590	790	264.5	203.1	270.4	0.662	0.844	0.988	1.131	3.424	4.483	0.000 3
100	3 971	689	353.1	291.3	260.4	0.704	0.814	1.044	1.168	10.793	14.807	0.000 0

附录 5

R502 饱和热力性质

温度 t (℃)	压力 $p(\times10^2\text{kPa})$	比容 液体 $v'(\text{L/kg})$	比容 蒸气 $v''(\text{m}^3/\text{kg})$	焓 液体 h' (kJ/kg)	焓 蒸气 h'' (kJ/kg)	汽化潜热 r (kJ/kg)	熵 液体 S'	熵 蒸气 S'' (kJ/kg·K)
-85	0.101	0.620	1.378	416.92	607.07	190.15	0.640 0	1.650 6
-84	0.108	0.622	1.288	417.78	607.55	189.77	0.644 5	1.647 8
-83	0.116	0.623	1.205	418.64	608.02	189.39	0.649 1	1.645 1
-82	0.125	0.624	1.128	419.50	608.50	189.01	0.653 6	1.642 4
-81	0.134	0.625	1.057	420.36	608.98	188.62	0.658 1	1.639 7
-80	0.143	0.626	0.991 5	421.23	609.46	188.23	0.662 6	1.637 1
-79	0.154	0.627	0.930 3	422.10	609.94	187.84	0.667 8	1.634 6
-78	0.164	0.629	0.873 9	422.98	610.42	187.45	0.671 6	1.632 1
-77	0.176	0.630	0.821 3	423.85	610.90	187.05	0.676 1	1.629 7
-76	0.188	0.631	0.772 5	424.73	611.38	186.65	0.680 5	1.627 3
-75	0.200	0.632	0.727 1	425.62	611.86	186.25	0.685 0	1.624 9
-74	0.213	0.633	0.684 8	426.50	612.34	185.84	0.689 5	1.622 6
-73	0.227	0.635	0.645 5	427.39	612.82	185.43	0.693 9	1.620 4
-72	0.242	0.636	0.608 8	428.28	613.30	185.02	0.698 3	1.618 1
-71	0.258	0.637	0.574 6	429.18	613.78	184.60	0.702 8	1.616 0
-70	0.274	0.638	0.542 6	430.18	614.26	184.18	0.704 2	1.613 8
-69	0.291	0.640	0.512 8	430.98	614.74	183.76	0.711 6	1.611 8
-68	0.309	0.641	0.484 9	431.88	615.22	183.33	0.716 0	1.669 7
-67	0.328	0.642	0.458 8	432.79	615.70	182.91	0.720 5	1.607 7
-66	0.348	0.643	0.434 4	433.70	616.18	182.47	0.724 9	1.605 7
-65	0.369	0.645	0.411 6	434.62	616.65	182.04	0.729 2	1.603 8
-64	0.390	0.646	0.390 1	435.53	617.13	181.60	0.733 6	1.601 9
-63	0.413	0.647	0.370 0	436.45	617.61	181.16	0.738 0	1.600 0
-62	0.437	0.649	0.351 2	437.38	618.08	180.71	0.742 4	1.598 2

续表

温度 t (℃)	压力 p (×10²kPa)	比容		焓 (kJ/kg)		汽化潜热 r (kJ/kg)	熵 (kJ/kg·K)	
		液体 v' (L/kg)	蒸气 v" (m³/kg)	液体 h'	蒸气 h"		液体 S'	蒸气 S"
−61	0.462	0.650	0.333 4	438.30	618.56	180.26	0.746 8	1.596 4
−60	0.488	0.651	0.316 8	439.23	619.03	179.81	0.751 1	1.594 7
−59	0.516	0.653	0.301 2	440.16	619.51	179.35	0.755 5	1.593 0
−58	0.544	0.654	0.286 4	441.10	619.99	178.89	0.759 8	1.591 3
−57	0.574	0.655	0.272 6	442.03	620.46	178.43	0.764 1	1.589 6
−56	0.605	0.657	0.259 5	442.97	620.93	177.96	0.768 5	1.588 0
−55	0.637	0.658	0.247 2	443.92	621.41	177.49	0.772 8	1.586 4
−54	0.671	0.660	0.235 6	444.86	621.88	177.02	0.777 1	1.584 9
−53	0.706	0.661	0.224 7	445.81	622.35	176.54	0.781 4	1.583 3
−52	0.742	0.662	0.214 3	446.76	622.82	176.06	0.785 7	1.581 8
−51	0.780	0.664	0.204 6	447.72	623.30	175.58	0.790 0	1.580 4
−50	0.820	0.665	0.195 3	448.68	623.77	175.09	0.794 3	1.578 9
−49	0.861	0.667	0.186 6	449.64	624.24	174.60	0.798 6	1.577 5
−48	0.904	0.668	0.178 4	450.60	624.70	174.10	0.802 9	1.576 2
−47	0.948	0.670	0.170 6	451.57	625.18	173.61	0.807 1	1.574 8
−46	0.994	0.671	0.163 2	452.54	625.64	173.10	0.811 4	1.573 5
−45	1.042	0.673	0.156 2	453.51	626.11	172.60	0.815 7	1.572 2
−44	1.091	0.674	0.149 5	454.48	626.57	172.09	0.819 9	1.570 9
−43	1.143	0.676	0.143 2	455.46	627.04	171.58	0.824 1	1.569 7
−42	1.196	0.677	0.137 2	456.44	627.50	171.06	0.828 4	1.568 4
−41	1.251	0.679	0.131 6	457.42	627.97	170.55	0.832 6	1.567 2
−40	1.308	0.680	0.126 2	458.40	628.42	170.02	0.836 8	1.566 1
−39	1.367	0.682	0.121 0	459.39	628.89	169.50	0.841 0	1.564 9
−38	1.429	0.683	0.116 2	460.38	629.35	168.97	0.845 2	1.563 8

续表

温度 t(℃)	压力 p(×10²kPa)	比容 液体 v'(L/kg)	比容 蒸气 v"(m³/kg)	焓(kJ/kg) 液体 h'	焓(kJ/kg) 蒸气 h"	汽化潜热 r(kJ/kg)	熵(kJ/kg·K) 液体 S'	熵(kJ/kg·K) 蒸气 S"
-37	1.492	0.685	0.1115	461.38	629.82	168.44	0.8494	1.5627
-36	1.557	0.687	0.1071	462.37	630.27	167.90	0.8536	1.5616
-35	1.625	0.688	0.10209	463.37	630.73	167.36	0.8578	1.5605
-34	1.695	0.690	0.09895	464.37	631.19	166.82	0.8620	1.5595
-33	1.767	0.692	0.09515	465.38	631.65	166.27	0.8661	1.5585
-32	1.841	0.693	0.09152	466.38	632.10	165.72	0.8703	1.5575
-31	1.918	0.695	0.08806	467.39	632.56	165.17	0.8745	1.5565
-30	1.997	0.697	0.08476	468.40	633.01	164.61	0.8786	1.5556
-29	2.079	0.698	0.08161	469.42	633.47	164.05	0.8827	1.5547
-28	2.164	0.700	0.07861	470.43	633.92	163.49	0.8869	1.5537
-27	2.250	0.702	0.07574	471.45	634.37	162.92	0.8910	1.5529
-26	2.340	0.703	0.07300	472.47	634.82	162.35	0.8951	1.5520
-25	2.432	0.705	0.07037	473.50	635.27	161.77	0.8992	1.5511
-24	2.527	0.707	0.06787	474.53	635.72	161.19	0.9033	1.5503
-23	2.625	0.709	0.06547	475.56	636.17	160.61	0.9074	1.5495
-22	2.725	0.711	0.06318	476.59	636.62	160.03	0.9115	1.5487
-21	2.829	0.712	0.06098	477.62	637.06	159.44	0.9156	1.5479
-20	2.935	0.714	0.05888	478.66	637.50	158.84	0.9197	1.5471
-19	3.045	0.716	0.05686	479.70	637.95	158.25	0.9237	1.5464
-18	3.157	0.718	0.05493	480.75	638.40	157.65	0.9278	1.5457
-17	3.273	0.720	0.05308	481.79	638.83	157.04	0.9319	1.5450
-16	3.391	0.722	0.05131	482.84	639.27	156.43	0.9359	1.5443
-15	3.513	0.724	0.04960	483.89	639.71	155.82	0.9400	1.5436
-14	3.638	0.726	0.04797	484.94	640.15	155.21	0.9440	1.5429

续表

温度 t (℃)	压力 $p(\times 10^2 \text{kPa})$	比容 液体 v'(L/kg)	比容 蒸气 v''(m³/kg)	焓 液体 h'(kJ/kg)	焓 蒸气 h''(kJ/kg)	汽化潜热 r (kJ/kg)	熵 液体 S' (kJ/kg·K)	熵 蒸气 S'' (kJ/kg·K)
−13	3.767	0.728	0.046 40	486.00	640.59	154.59	0.948 0	1.542 3
−12	3.898	0.730	0.044 90	487.06	641.02	153.96	0.952 1	1.541 6
−11	4.034	0.732	0.043 45	488.12	641.46	153.34	0.956 1	1.541 0
−10	4.172	0.734	0.042 06	489.19	641.90	152.71	0.960 1	1.540 4
−9	4.315	0.736	0.040 73	490.26	642.33	152.07	0.964 1	1.539 8
−8	4.460	0.738	0.039 44	491.33	642.76	151.43	0.968 1	1.539 2
−7	4.610	0.740	0.038 21	492.40	643.19	150.79	0.972 1	1.538 7
−6	4.763	0.742	0.037 02	493.48	643.62	150.14	0.976 1	1.538 1
−5	4.920	0.744	0.035 87	494.56	644.05	149.49	0.980 1	1.537 6
−4	5.080	0.746	0.034 77	495.64	644.77	148.83	0.984 1	1.537 1
−3	5.245	0.748	0.033 71	496.72	644.89	148.17	0.988 1	1.536 5
−2	5.413	0.751	0.032 69	497.81	645.32	147.51	0.992 0	1.536 0
−1	5.585	0.753	0.031 71	498.90	645.74	146.84	0.996 0	1.535 6
0	5.762	0.755	0.030 76	500.00	646.16	146.16	1.000	1.535 1
1	5.942	0.757	0.029 84	501.09	646.57	145.48	1.003 9	1.534 6
2	6.126	0.760	0.028 96	502.19	646.99	144.80	1.007 9	1.534 1
3	6.315	0.762	0.028 11	503.30	647.41	144.11	1.011 8	1.533 7
4	6.508	0.764	0.027 29	504.40	647.82	143.42	1.015 8	1.533 3
5	6.705	0.767	0.026 49	505.51	648.23	142.72	1.019 7	1.532 8
6	6.907	0.769	0.025 73	506.62	648.64	142.02	1.023 7	1.532 4
7	7.113	0.772	0.024 99	507.74	649.05	141.31	1.027 6	1.532 0
8	7.324	0.774	0.024 28	508.86	649.46	140.60	1.031 5	1.531 6
9	7.539	0.777	0.023 59	509.98	649.86	139.88	1.035 5	1.531 2
10	7.758	0.779	0.022 92	511.01	650.26	139.15	1.039 4	1.530 8

制冷技术基础（第三版）

续表

温度 t (℃)	压力 p(×10²kPa)	比容 液体 v'(L/kg)	容 蒸气 v"(m³/kg)	焓（kJ/kg）液体 h'	蒸气 h"	汽化潜热 r (kJ/kg)	熵(kJ/kg·K) 液体 S'	蒸气 S"
11	7.983	0.782	0.022 27	512.24	650.66	138.42	1.043 3	1.530 5
12	8.212	0.784	0.021 65	513.37	651.06	137.69	1.047 2	1.530 1
13	8.445	0.787	0.021 05	514.51	651.46	136.95	1.051 1	1.529 7
14	8.684	0.790	0.020 46	515.65	651.85	136.20	1.055 0	1.529 4
15	8.928	0.792	0.019 90	516.79	652.24	135.45	1.059 0	1.529 0
16	9.176	0.795	0.019 35	517.94	652.63	134.69	1.062 9	1.528 7
17	9.430	0.798	0.018 82	519.09	653.01	133.92	1.066 8	1.528 3
18	9.688	0.801	0.018 31	520.24	653.39	133.15	1.070 7	1.528 0
19	9.952	0.804	0.017 81	521.40	653.78	133.38	1.074 6	1.527 7
20	10.222	0.806	0.017 33	522.56	654.15	131.59	1.078 5	1.527 3
21	10.550	0.809	0.016 87	523.73	654.53	130.80	1.082 4	1.527 0
22	10.777	0.812	0.016 41	524.90	654.90	130.00	1.086 2	1.526 7
23	11.306	0.815	0.015 97	526.07	655.27	129.20	1.090 1	1.526 4
24	11.65	0.819	0.015 55	527.25	655.64	128.39	1.094 0	1.526 1
25	11.95	0.822	0.015 14	528.43	656.00	127.57	1.097 9	1.525 8
26	11.25	0.825	0.014 74	529.62	656.36	126.74	1.101 8	1.525 5
27	12.56	0.828	0.014 35	530.81	656.72	125.91	1.105 7	1.525 2
28	12.87	0.831	0.013 97	532.01	657.07	125.06	1.109 6	1.524 9
29	12.29	0.835	0.013 60	533.20	657.41	124.21	1.113 5	1.524 6
30	13.21	0.838	0.013 25	534.41	657.77	123.36	1.117 4	1.524 3
31	13.54	0.842	0.012 90	535.61	658.10	122.49	1.121 2	1.524 0
32	13.88	0.845	0.012 56	536.83	658.44	121.61	1.125 1	1.523 7
33	14.22	0.849	0.012 24	538.04	658.77	120.73	1.129 0	1.523 4
34	14.57	0.852	0.011 92	539.25	659.09	119.84	1.132 9	1.523 1

· 116 ·

续表

温度 t (℃)	压力 p (×10²kPa)	比容		焓 (kJ/kg)		汽化潜热 r (kJ/kg)	熵 (kJ/kg·K)	
		液体 v′(L/kg)	蒸气 v″(m³/kg)	液体 h′	蒸气 h″		液体 S′	蒸气 S″
35	14.93	0.856	0.011 61	540.49	659.43	118.94	1.136 8	1.522 8
36	15.29	0.860	0.011 31	541.72	659.74	118.02	1.140 7	1.522 4
37	15.66	0.864	0.011 02	542.96	660.06	117.10	1.144 6	1.522 1
38	16.03	0.868	0.010 74	544.20	660.37	116.17	1.148 5	1.521 8
39	16.42	0.872	0.010 46	545.45	660.68	115.23	1.152 4	1.521 5
40	16.80	0.876	0.010 19	546.70	660.98	114.28	1.156 2	1.521 2
41	17.20	0.880	0.009 28	547.96	661.27	113.31	1.160 1	1.520 8
42	17.60	0.884	0.009 73	549.22	661.56	112.34	1.164 0	1.520 5
43	18.01	0.889	0.009 25	550.49	661.84	111.35	1.168 0	1.520 2
44	18.43	0.893	0.009 183	551.76	662.11	110.35	1.171 9	1.519 8
45	18.85	0.898	0.008 948	553.05	662.39	109.34	1.175 8	1.519 5
46	19.28	0.903	0.008 718	554.33	662.65	108.32	1.179 7	1.519 1
47	19.72	0.908	0.008 495	555.63	662.92	107.29	1.183 6	1.518 7
48	20.16	0.913	0.008 277	556.93	663.17	106.24	1.187 5	1.518 4
49	20.62	0.918	0.008 065	558.24	663.42	105.18	1.191 5	1.518 0
50	21.08	0.923	0.007 858	559.55	663.65	104.10	1.195 4	1.517 6
51	21.55	0.928	0.007 656	560.87	663.88	103.01	1.199 4	1.517 2
52	22.02	0.934	0.007 459	562.20	664.10	101.90	1.203 3	1.516 7
53	22.51	0.940	0.007 267	563.54	664.32	100.78	1.207 3	1.516 3
54	23.00	0.945	0.007 079	564.89	664.53	99.64	1.211 3	1.515 9
55	23.50	0.951	0.006 896	566.25	664.71	98.46	1.215 3	1.515 4
56	24.01	0.958	0.006 718	567.61	664.92	97.31	1.219 3	1.514 9
57	24.53	0.964	0.006 544	569.99	665.11	96.12	1.223 3	1.514 4
58	25.05	0.971	0.006 374	570.37	665.27	94.90	1.227 4	1.513 9
59	25.59	0.978	0.006 208	571.77	665.44	93.67	1.231 4	1.513 4
60	26.13	0.985	0.006 046	573.18	665.60	92.42	1.235 5	1.512 9

附录 6

R717 饱和热力性质

温度 t (℃)	压力 p(×10²kPa)	比容 液体 v'(L/kg)	比容 蒸气 v"(m³/kg)	焓 液体 h' (kJ/kg)	焓 蒸气 h" (kJ/kg)	汽化潜热 r (kJ/kg)	熵 液体 S' (kJ/kg·K)	熵 蒸气 S" (kJ/kg·K)
−77	6.41	1.363 3	14.884 57	157.03	1 643.84	1 486.81	0.528 4	8.108 3
−76	6.94	1.365 4	13.781 64	165.33	1 645.40	1 480.08	0.570 5	8.077 9
−74	8.10	1.369 7	11.920 57	173.19	1 649.14	1 475.95	0.610 2	8.021 4
−72	9.43	1.374 0	10.345 99	181.00	1 652.86	1 471.86	0.649 1	7.966 4
−70	10.94	1.378 3	9.009 04	188.77	1 656.56	1 467.79	0.687 6	7.912 7
−68	12.65	1.382 7	7.857 55	198.63	1 660.09	1 461.46	0.735 8	7.859 7
−66	14.57	1.387 1	6.885 28	206.29	1 663.75	1 457.46	0.773 0	7.808 8
−64	16.74	1.391 5	6.046 64	214.97	1 667.32	1 452.45	0.814 9	7.758 8
−62	19.17	1.396 1	5.325 58	223.59	1 670.87	1 447.28	0.855 7	7.710 0
−60	21.90	1.400 6	4.699 99	233.20	1 674.31	1 441.11	0.901 0	7.662 0
−58	24.94	1.405 2	4.162 50	241.69	1 677.81	1 436.12	0.940 6	7.615 6
−56	28.32	1.409 9	3.696 22	250.12	1 681.29	1 431.17	0.979 5	7.570 2
−54	32.08	1.414 6	3.290 60	258.48	1 684.74	1 426.26	1.017 9	7.526 0
−52	36.24	1.419 4	2.934 46	267.82	1 688.08	1 420.26	1.060 2	7.482 4
−50	40.85	1.424 2	2.625 26	276.05	1 691.48	1 415.44	1.097 3	7.440 2
−48	45.92	1.429 0	2.352 28	285.24	1 694.77	1 409.53	1.138 2	7.398 6
−46	51.51	1.434 0	2.113 31	293.85	1 698.07	1 404.22	1.176 2	7.358 2
−44	57.64	1.438 9	1.902 43	302.63	1 701.32	1 398.63	1.214 7	7.313 5
−42	64.36	1.444 0	1.716 27	311.35	1 704.54	1 393.19	1.252 5	7.279 8
−40	71.71	1.449 1	1.551 24	320.24	1 707.70	1 387.46	1.290 8	7.241 5
−38	79.73	1.454 2	1.404 91	329.05	1 710.83	1 381.78	1.328 4	7.204 6
−36	88.47	1.469 4	1.274 62	338.04	1 713.90	1 375.87	1.366 4	7.168 1
−34	97.97	1.464 7	1.158 63	346.94	1 716.94	1 370.00	1.403 7	7.132 4
−32	108.28	1.470 1	1.055 14	355.77	1 719.95	1 364.18	1.440 4	7.097 4

续表

温度 t (℃)	压力 p (×10²kPa)	比容 液体 v'(L/kg)	容 蒸气 v"(m³/kg)	焓（kJ/kg） 液体 h'	焓（kJ/kg） 蒸气 h"	汽化潜热 r (kJ/kg)	熵（kJ/kg·K） 液体 S'	熵（kJ/kg·K） 蒸气 S"
−30	119.46	1.475 5	0.962 44	364.76	1 722.89	1 358.14	1.477 5	7.063 1
−28	131.54	1.481 0	0.879 41	373.66	1 725.80	1 352.14	1.513 9	7.029 4
−26	144.60	1.486 5	0.804 92	382.49	1 728.67	1 346.19	1.549 6	6.996 5
−24	158.57	1.492 1	0.737 81	391.47	1 731.48	1 340.01	1.585 8	6.964 1
−22	173.82	1.497 8	0.677 31	400.50	1 734.24	1 333.74	1.621 7	6.932 3
−20	190.11	1.503 6	0.622 75	409.43	1 736.95	1 327.52	1.657 1	6.901 1
−18	207.50	1.509 4	0.573 40	418.40	1 739.62	1 321.21	1.692 3	6.870 5
−16	226.34	1.515 4	0.528 69	427.41	1 742.22	1 314.82	1.727 3	6.840 4
−14	246.40	1.521 4	0.488 11	436.45	1 744.78	1 308.33	1.762 2	6.810 8
−12	267.85	1.527 5	0.451 24	445.52	1 747.28	1 301.76	1.797 0	6.781 7
−10	290.75	1.533 7	0.417 70	454.56	1 749.72	1 295.17	1.831 3	6.753 1
−8	315.17	1.539 8	0.387 12	463.63	1 752.11	1 288.49	1.865 5	6.725 0
−6	341.17	1.546 3	0.359 23	472.67	1 754.45	1 281.78	1.899 3	6.697 3
−4	368.83	1.552 7	0.333 72	481.80	1 756.72	1 274.92	1.933 2	6.670 1
−2	398.22	1.559 3	0.310 38	490.90	1 758.94	1 268.04	1.966 7	6.643 3
0	429.41	1.565 9	0.288 99	500.02	1 761.10	1 261.08	2.000 1	6.616 9
2	462.48	1.572 7	0.269 85	509.18	1 763.19	1 254.02	2.033 3	6.590 9
4	497.50	1.579 5	0.251 32	518.33	1 765.23	1 246.90	2.066 2	6.565 2
6	534.54	1.586 5	0.234 72	527.50	1 767.20	1 239.70	2.099 0	6.540 0
8	573.70	1.593 6	0.219 44	536.68	1 769.11	1 232.43	2.131 5	6.515 1
10	615.03	1.600 8	0.205 35	545.88	1 770.96	1 225.08	2.163 9	6.490 5
12	658.64	1.608 1	0.192 33	555.10	1 772.74	1 217.63	2.196 1	6.466 3
14	704.59	1.615 5	0.180 30	564.36	1 774.45	1 210.09	2.228 2	6.442 2

续表

温度 t (℃)	压力 p (×10²kPa)	比 容		焓 (kJ/kg)		汽化潜热 r (kJ/kg)	熵 (kJ/kg·K)	
		液体 v' (L/kg)	蒸气 v" (m³/kg)	液体 h'	蒸气 h"		液体 S'	蒸气 S"
16	752.98	1.623 1	0.169 17	573.60	1 776.09	1 202.49	2.260 0	6.418 7
18	803.88	1.630 8	0.158 86	582.90	1 777.66	1 194.77	2.291 8	6.395 4
20	857.37	1.638 6	0.149 30	592.19	1 779.17	1 186.97	2.323 5	6.372 3
22	913.56	1.646 6	0.140 42	601.51	1 780.60	1 179.09	2.354 7	6.349 5
24	972.52	1.654 7	0.132 17	610.85	1 781.96	1 171.12	2.385 8	6.327 0
26	1 034.34	1.663 0	0.124 50	620.20	1 783.25	1 163.05	2.416 9	6.304 7
28	1 099.11	1.671 4	0.117 36	629.60	1 784.46	1 154.86	2.447 8	6.282 6
30	1 166.93	1.680 0	0.110 70	639.01	1 785.59	1 146.57	2.478 6	6.260 8
32	1 237.88	1.688 8	0.104 49	648.46	1 786.64	1 138.18	2.509 3	6.239 2
34	1 312.05	1.697 8	0.098 69	657.93	1 787.61	1 129.69	2.539 8	6.217 7
36	1 389.55	1.706 9	0.093 27	667.42	1 788.50	1 121.08	2.570 2	6.196 5
38	1 470.47	1.716 2	0.088 20	676.95	1 789.31	1 112.36	2.600 4	6.175 4
40	1 554.89	1.725 7	0.083 45	686.51	1 790.03	1 103.52	2.630 6	6.154 5
42	1 642.93	1.735 5	0.079 00	696.12	1 790.66	1 094.53	2.660 7	6.133 8
44	1 734.67	1.745 4	0.074 83	705.76	1 791.20	1 085.44	2.690 7	6.113 2
46	1 830.22	1.755 6	0.070 92	715.44	1 791.64	1 076.21	2.720 6	6.092 7
48	1 929.68	1.766 0	0.067 24	725.15	1 791.99	1 066.84	2.750 4	6.072 3
50	2 033.14	1.776 7	0.063 78	734.92	1 792.25	1 057.33	2.780 1	6.052 1
52	2 140.72	1.787 6	0.060 53	744.74	1 792.40	1 047.66	2.809 8	6.031 9
54	2 252.52	1.798 8	0.057 47	754.60	1 792.44	1 037.84	2.839 5	6.011 8

续表

温度 t (℃)	压力 $p(\times 10^2 \text{kPa})$	比容		焓(kJ/kg)		汽化潜热 r (kJ/kg)	熵(kJ/kg·K)	
		液体 v'(L/kg)	蒸气 v''(m³/kg)	液体 h'	蒸气 h''		液体 S'	蒸气 S''
56	2 368.63	1.810 3	0.054 58	764.52	1 792.38	1 027.86	2.859 0	5.991 8
58	2 489.18	1.822 1	0.051 86	774.50	1 792.21	1 017.71	2.898 6	5.971 9
60	2 614.27	1.834 3	0.049 29	784.54	1 791.92	1 007.38	2.928 1	5.951 9
62	2 744.00	1.846 7	0.046 87	794.64	1 791.51	996.87	2.957 7	5.932 1
64	2 378.50	1.859 5	0.044 58	804.82	1 790.98	986.16	2.987 2	5.912 2
66	3 017.86	1.872 7	0.042 41	815.07	1 790.32	975.25	3.016 8	5.892 3
68	3 162.21	1.886 3	0.040 36	825.40	1 789.52	964.12	3.046 3	5.872 4
70	3 311.67	1.900 3	0.038 41	835.82	1 788.59	952.77	3.076 0	5.852 5
72	3 466.35	1.914 8	0.036 57	846.33	1 787.51	941.18	3.105 6	5.832 5
74	3 626.37	1.929 7	0.034 82	856.94	1 786.27	929.33	3.135 4	5.812 4
76	3 791.86	1.945 2	0.033 16	867.66	1 784.88	917.22	3.165 3	5.792 3
78	3 962.94	1.961 2	0.031 58	878.49	1 783.32	904.83	3.195 2	5.772 0
80	4 139.73	1.977 8	0.030 09	889.44	1 781.57	892.13	3.225 3	5.751 6
82	4 322.38	1.995 0	0.028 66	900.52	1 779.65	879.12	3.255 6	5.731 0
84	4 511.00	2.012 9	0.027 30	911.75	1 777.52	865.77	3.286 1	5.710 2
86	4 705.74	2.031 6	0.020 01	923.13	1 775.18	852.05	3.316 7	5.689 1
88	4 906.73	2.051 0	0.024 77	934.67	1 772.62	837.95	3.347 6	5.667 9
90	5 114.13	2.071 3	0.023 59	946.39	1 769.82	823.43	3.378 8	5.646 3

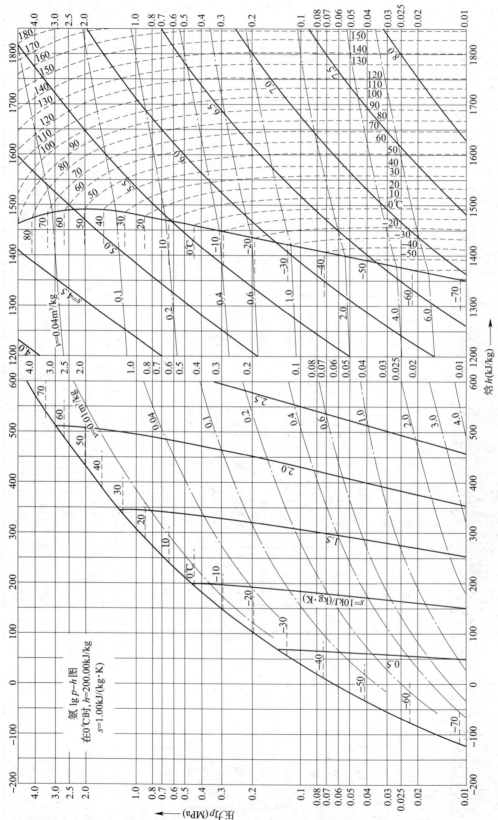

附图 1　氨（NH₃）的 lg p—h 图

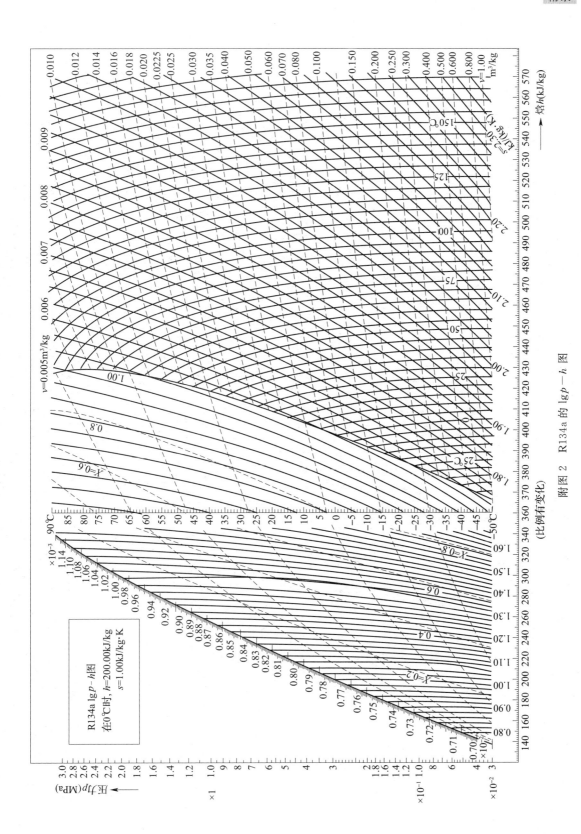

附图 2　R134a 的 lg p − h 图